宠物犬疾病
诊治关键技术

丁岚峰　张子威　主编

U0302169

中国三峡出版传媒

中国三峡出版社

图书在版编目（CIP）数据

宠物犬疾病诊治关键技术 / 丁岚峰，张子威主编. —北京：中国三峡出版社，2016.4

ISBN 978-7-80223-915-9

Ⅰ.①宠… Ⅱ.①丁… ②张… Ⅲ.①犬病—诊疗 Ⅳ.①S858.292

中国版本图书馆CIP数据核字（2016）第050801号

中国三峡出版社出版发行

（北京市西城区西廊下胡同51号　100034）

电话：（010）66117828 66116228

http://www.zgsxcbs.cn

E-mail:sanxiaz@sina.com

北京市十月印刷有限公司印刷　新华书店经销

2017年1月第1版　2017年1月第1次印刷

开本：880毫米×1230毫米　1/32　印张：6.75

字数：191千字

ISBN 978-7-80223-915-9　定价：32.00元

《宠物犬疾病诊治关键技术》
编 委 会

主编： 丁岚峰（黑龙江民族职业学院）

　　　 张子威（东北农业大学）

参编： 毕明玉（哈尔滨铁路公安局警犬训练支队）

　　　 曹嫦妤（东北农业大学）

　　　 樊瑞锋（东北农业大学）

　　　 金　希（东北农业大学）

　　　 刘　慈（东北农业大学）

　　　 谭思然（东北农业大学）

　　　 刑梦媛（东北农业大学）

　　　 杨天舒（东北农业大学）

　　　 姚海东（东北农业大学）

　　　 张久丽（黑龙江职业学院）

　　　 徐　喆（东北农业大学）

主审： 徐世文（东北农业大学）

前　言

随着人们生活水平的提高，饲养宠物，特别是饲养宠物犬已成为城乡居民的一种生活情趣。宠物犬饲养的增多也为从事宠物犬繁育的农民朋友开辟了增收致富门路。但是，宠物犬疾病始终是困扰饲养户及繁育者的一个突出问题。由于种种因素，导致多种犬病的发生。宠物犬生病不仅影响其健康和寿命，导致饲养成本增加和影响主人的饲养乐趣，更为重要的是许多犬病是人畜共患病，如狂犬病、结核病、布鲁氏杆菌病、钩端螺旋体病等危及人身健康。普及犬病诊断防治知识，提高犬病的诊断与防治水平，不仅是促进宠物行业健康发展的需要，而且对保证人类健康也具有十分重要的意义。

有鉴于此，编者集多年的临床经验，并参考相关书籍编写了《宠物犬疾病诊治关键技术》。全书共分12章，以图文并茂的形式重点介绍了常见的传染病、寄生虫病、内科病、营养代谢病、中毒病、外科病和产科病共65种，以及几种常见症状的鉴别诊断思路、常见手术方法和常用药物表。本书编写立足普及，注重实用。在编写过程中，主要从疾病的定义、诊断要点和防治措施等方面深入浅出地介绍了宠物犬常见多发病的诊断与防治关键技术，并给出了典型的症状图谱。

因为病情的多变和病犬的体况不同，在治疗时应根据具体病例的具体病情，选择合适的药物剂量和使用方法。

本书在编写过程中参考并引用了相关参考书，再次深表谢意。由于编者水平有限，书中纰漏和错误在所难免，不足之处恳请读者批评指正。

编者
2016 年 1 月

CONTENTS •

目　录

前　言

第一章　传染病

动物传染病是由病原微生物引起并且有传染性的疾病，最常见的有病毒性传染病、细菌性传染病。本章介绍宠物犬常见的 6 种病毒传染病和 3 种细菌传染病。

第一节　犬瘟热

犬瘟热是由副粘病毒科的犬瘟热病毒引起的一种主要发生于幼犬的烈性传染病，以双相热型、白细胞数减少、急性鼻卡他以及随后的支气管炎、卡他性肺炎、严重胃肠炎和神经症状为主要特征。

一、诊断要点

犬瘟热病毒对干燥、寒冷有较强的抵抗力，在室温可存活 7 ～ 8 天。对碱性溶液的抵抗力弱，常用 3%NaOH 作为消毒剂。病犬是本病主要的传染源。除犬以外，其他犬科动物也易感，雪貂对犬瘟热病毒最易感。病毒大量存在于发病动物的各种分泌物、排泄物（鼻汁、唾液、泪液、心包液、胸水、腹水及尿液）以及血液、脑脊髓液、淋巴结、肝、脾、脊髓等脏器，并可随呼吸道分泌物及尿液向外界排毒。健康犬与病犬直接接触或通过污染的空气或食物而经呼吸道或消化道感染。本病发生率无性别、品种的区别，以育成阶段犬最易感，在寒冷季节较多发，但一年四季均有发生。康复后的犬可获得终身免疫。

犬瘟热潜伏期随传染源来源的不同长短差异较大。来源于同种动物的潜伏期为 3 ～ 6 天，来源于异种动物的潜伏期有时可长达

30～90天。本病潜伏期多为3～5天，多呈急性经过。病犬突然发热，体温可达39.5～41.5℃，持续2～3天，精神委顿，食欲不振，眼、鼻分泌物增多，流水样鼻液，咳嗽或打喷嚏，眼结膜潮红，状似感冒。随后体温下降到接近常温，出现康复假象。2～3天后，第二次发热并伴有严重的消化系统或/和呼吸系统症状。有些病犬在发热初期，胸下、腹下和大腿内侧的少毛区出现皮疹，有些出现肌痛、肌痉挛、抽搐、共济失调、转圈、癫痫状痉挛和昏迷等。孕犬被感染后，病毒可通过胎盘侵入胎儿体内，造成胎儿死亡和流产。病程长短取决于继发感染的性质和严重程度，多为1～2周。本病如得不到及时治疗，预后多不良。当幼犬出现惊厥症状后，常转归死亡，死亡率高达80%～90%。部分病犬可出现舞蹈病和麻痹等后遗症。

早期缺乏病理变化特征，仅见支气管炎或灶性支气管肺炎，疾病后期肺脏出现血斑，直肠黏膜常有出血。由于继发细菌感染，可见严重的化脓性支气管炎、出血性胃肠炎。病犬胸腺常常萎缩并呈胶冻状，有的病犬脾脏和膀胱出血。如病犬出现神经症状，脑组织常无肉眼变化，偶见脱色区、严重的软化和脱髓鞘。组织学检测可在各器官的上皮组织细胞中发现包涵体。

根据病史，如没有接种疫苗或/和暴露于成犬之中或处于应激状态及临床症状可做出初步诊断，还可以用犬瘟热快速诊断试剂盒进行诊断。由于本病常存在混合感染和细菌继发感染而使临床症状复杂化，应特别注意与犬传染性肝炎等疾病的鉴别。

二、防治措施

本病关键在于预防，按免疫程序接种疫苗。免疫效果受免疫方法、疫苗性状、运输保存条件、个体因素等影响。母源抗体的存在直接干扰弱毒疫苗的效果，故3月龄以下的仔犬在第一年内应接种3次疫苗，每次相隔2周。对于刚购回的犬，应立即进行被动免疫，即注射免疫血清1～2次，15～20天后再进行疫苗接种。母犬怀孕期间一般不进行免疫接种。

　　对于发病犬用犬瘟热高免血清肌肉注射，一天一次，连用3～7天。

　　防止继发感染，可应用抗生素如氨苄青霉素、头孢唑啉钠、头孢曲松钠等控制继发细菌感染。对于重症病例，可配合地塞米松、氢化可的松等肾上腺皮质激素类药物进行治疗。针对病犬出现的症状，应用止吐剂、止血剂、退热剂、收敛剂（止泻）、镇静剂（解痉）等，同时强心补液，补充维生素B族及维生素C，纠正酸中毒等。

　　另外，应用清热解毒、凉血滋阴、宣肺化痰的中药如穿琥宁、双黄连、鱼腥草等口服，也有较好的治疗作用。

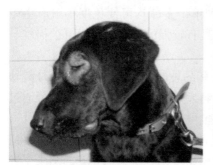

犬瘟热眼睑红肿

犬瘟热脓性鼻液

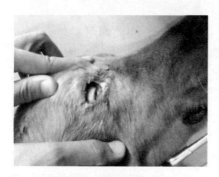

犬瘟热脓性眼分泌物

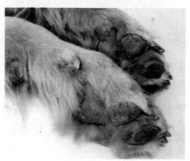

犬瘟热脚垫变硬增厚

第二节　犬细小病毒感染

犬细小病毒病是由犬细小病毒引起的一种急性高度接触性传染病。临床上主要以肠炎型和心肌炎型两种形式出现，多以剧烈呕吐、腹泻及出血性肠炎和非化脓性心肌炎为其特征。侵害各种年龄的犬，以幼犬发病率最高。

一、诊断要点

犬细小病毒（CPV）属小型无囊膜的 DNA 病毒，对细胞亲和力强并能迅速繁殖。成熟的病毒粒子含有 3 种或 4 种结构多肽（VP1、VP2、VP3 和 VP4），每种单个多肽均可使免疫小鼠产生中和抗体。犬细小病毒对外界因素具有较强的抵抗力，但可被福尔马林、次氯酸钠及紫外线灭活。

CPV 主要感染犬，各种年龄和品种的犬均易感。2～4 月龄幼犬易感性最强，死亡率也较高。病犬是主要的传染源，病毒可通过污染的饲料、水、污物等传播，也可通过机械媒介物（如蚊虫及人类）传给其他动物。本病主要经消化道、皮肤和黏膜接触而传染，没有明显的季节性，但以春末和秋初多见。城市饲养犬的感染率较农村饲养犬要高，养犬集中区呈地方流行。

本病在临床上分为肠炎型和心肌炎型。

肠炎型：潜伏期 7～14 天。各种年龄的犬均可发生，但以断奶后的幼犬最为多发。犬初期精神沉郁、厌食，偶见发热、软便或轻微呕吐，随后发展为频繁呕吐和剧烈腹泻。起初粪便呈灰色、黄色或乳白色，带果冻状黏液，而后呈恶臭的酱油样或番茄汁样，发出特别难闻的腥臭味。病犬迅速脱水，消瘦，眼窝深陷，被毛凌乱，皮肤无弹性，耳鼻、四肢发凉，精神高度沉郁，休克，死亡。从病初症状轻微到严重一般不超过 2 天，整个病程一般不超过 1 周。小肠黏膜严重剥落，呈暗红色。肠系膜淋巴结肿大，由于充血、出血而呈暗红色。肝脏肿大，呈紫红色或红色，质地脆弱，切面有大量凝固不良的血液。有的脾脏出现出血性梗死灶。

心肌炎型：多见于 4 ～ 6 周龄幼犬。常无先兆或者仅表现轻微腹泻，突然发生心力衰竭，表现为呻吟、干咳、可视黏膜发绀。听诊心跳加快、有杂音，多见于流行初期，单纯心肌炎型很少见，常与肠炎型混合发生。心肌或者心内膜有非化脓性坏死灶，心肌纤维严重损伤，常见出血性斑纹。肺脏严重水肿或实变。具有诊断意义的病理变化是心肌纤维有核内包涵体。

根据流行病学、临床症状和血液学，对肠炎型一般可以做出初步诊断，也可以采用细小病毒快速诊断试剂盒进行快速诊断。由于本病常存在混合感染和细菌继发感染而使临床症状复杂化，因此应特别注意与犬瘟热、犬钩端螺旋体等疾病的鉴别。

二、防治措施

为了避免犬细小病的发生，疫苗免疫是最根本的方法。一般在 6 周龄的时候注射二联疫苗，然后每隔 15 天注射 1 次四联苗，连续注射 3 次，以后每年免疫 1 次。接种疫苗后的犬得病的概率很小。

对于发病犬应立即隔离治疗，用犬细小病毒高免血清 0.5 ～ 1ml/kg 肌肉注射，一天一次，连用 3 ～ 7 天。或者采用细小病毒单克隆抗体，并采用对症疗法和支持疗法，严重呕吐的病犬可肌注 0.5 ～ 2ml 的胃复安，或爱茂尔 2 ～ 4ml；胃肠道严重出血引起便血的患畜，可肌注止血敏 2 ～ 4ml/ 次，也可用云南白药口服或深部灌肠；止泻可口服次硝酸铋或鞣酸蛋白；继发感染或肠毒素引起体温升高时，肌注氨基比林 1 ～ 2ml、阿米卡星 2 ～ 5mg/kg 或卡那霉素 5 ～ 15mg/kg；当病犬出现心衰时，肌注安钠咖或尼可刹米 2 ～ 4ml；发生中毒性或失血性休克时，皮下注射盐酸肾上腺素 1 ～ 2ml。

犬细小病毒病　　　　　　　后期易出现肠套叠（翻肠子）

第三节　犬冠状病毒感染

犬冠状病毒病是由犬冠状病毒引起的一种急性肠道性传染病，以呕吐、腹泻、脱水及易复发为特点。

一、诊断要点

犬冠状病毒病（CCV）属冠状病毒科冠状病毒属成员，病毒基因型为单股 RNA。病毒对氯仿、乙醚、脱氧胆酸盐敏感，对热也敏感，用甲醛、紫外线能灭活。对胰蛋白酶和酸有抵抗力。病毒在粪便中可存活 6～9 天。

本病可感染犬、貂和狐狸等犬科动物，不同品种、性别和年龄的犬都可感染，但幼犬最易感染，发病率几乎 100%，病死率 50%。病犬和带毒犬是主要传染源。病毒通过直接接触和间接接触，经呼吸道和消化道传染给健康犬及其他易感动物。本病一年四季均可发生，但多发于冬季。气候突变、卫生条件差、犬群密度大、断奶转舍及长途运输等可诱发本病。

自然感染的冠状病毒病潜伏期 1～3 天，临床症状轻重不一，可表现剧烈、致死性腹泻，也可能是无临床症状的隐性感染。在犬群中以幼犬先发病，很快传开。呕吐与腹泻是本病的主要症状。一般先是数天的呕吐，出现腹泻后呕吐减轻或停止。粪便呈糊状、半糊状乃至水样，呈黄白色或黄绿色，粪中带有黏液和血液。在发病过程中，病犬精神沉郁、喜卧、厌食，体温一般不高，多数病犬 7～10 天可康复，但幼犬可因胃肠炎而死亡。

冠状病毒感染 4 天后，可迅速扩散到整个小肠。与细小病毒不同，冠状病毒主要定居于肠腺细胞隐窝上部，对肠绒毛损伤较少。早期病例可见小肠局部发炎臌气，后期病例则见整个小肠发炎坏死，肠系膜淋巴结出血水肿，肠系膜血管呈树枝样淤血，肠壁浆膜紫红，肠黏膜脱落，肠内容物呈果酱样。组织学检查可见小肠绒毛萎缩、脱落，绒毛上皮细胞变短，胞浆出现空泡。黏膜固有层水肿，细胞增生。

此病无特异性血液学诊断指标，血液涂片白细胞变化不明显，也可以采用冠状病毒快速诊断试剂盒进行快速诊断。病毒可通过电镜、组织培养及免疫荧光试验进行分离和鉴定。

二、防治措施

首先对发病犬进行隔离，对病犬污染的环境要进行彻底消毒。

病初注射高免血清，同时进行对症治疗，如止吐、止泻、补液，用抗生素防止继发感染。病犬可按犬细小病毒感染进行对症治疗。

加强饲养管理，按时进行防疫注射，是预防本病的关键。

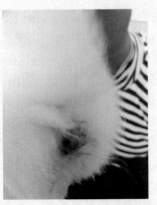

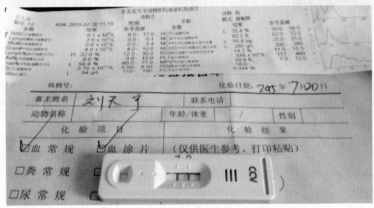

犬冠状病毒病

第四节　犬传染性肝炎

犬传染性肝炎是由犬腺病毒Ⅰ型引起的一种犬的急性败血性传染病。

一、诊断要点

犬传染性肝炎病毒属犬腺病毒Ⅰ型（CAV-1），双股DNA病毒，长约31kb，可在犬肾、犬睾丸和猪、豚鼠的肺、肾细胞中生长繁殖，使感染细胞肿胀变圆，聚集成葡萄串样病变，并能使感染细胞形成噬斑和核内包涵体。CAV-1 在 4℃ pH7.2 条件下可凝集鸡、豚鼠和人 O 型血红细胞，在环境中具有稳定性，对温度及干燥具有很强耐受力。50℃ 15 分钟，60℃ 3 ～ 5 分钟才能将其杀死，对乙醚、氯仿敏感，简单的消毒就能将病毒杀死。

本病的主要传染源是患病犬和带毒犬，病犬的分泌物及排泄物都含有大量的病毒，易感犬通过直接或间接接触而感染。本病的发生不分品种和年龄，不满一年的幼犬易感性更高，死亡率也更高。康复犬通过尿液可长期向外带毒。本病主要通过消化道感染。

患传染性肝炎的犬按其症状可分为急性肝炎和慢性肝炎。潜伏期 7 天左右，初期症状与犬瘟热很相似。体温升高 40℃ 左右，精神沉郁，食欲不振，饮欲明显增加。最急性病例多见于流行初期，病犬出现呕吐、腹痛、腹泻症状，数小时内死亡。急性病犬初期表现怕冷，精神轻度沉郁，并有水样鼻液和眼泪等症状，高温 40.5℃，体温呈马鞍型变化，持续时间 2 ～ 6 小时。 慢性型病例见于流行的后期，症状反应较轻，轻度发热，食欲时好时坏，便秘与腹泻交替。急性症状消失后 7 ～ 10 天，病犬出现角膜水肿、浑浊，呈白色乃至蓝白色角膜，临床上也称为 "肝炎性蓝眼"。浑浊的角膜是由角膜中心向四周扩展，缓慢消退，数日后即可消失。若无继发感染，常于数日内恢复正常。

剖检可见腹腔内积有血色液体。肝脏肿大，导致肝包膜紧张，色淡，肝小叶清晰可见。胆囊壁高度水肿和出血，有纤维蛋白沉着。肠系膜淋巴结和颈淋巴结肿大，脾肿大。胸腺点状出血。

本病诊断方法主要是抓住典型的临床症状表现，但血液生化检查结果才是最准确的依据。注意与犬瘟热、犬钩端螺旋体病区分。

二、防治措施

免疫接种是预防犬传染性肝炎最为有效的方法。一般在 6 周龄的时候注射二联疫苗，然后每隔 15 天注射 1 次四联苗，连续注射 3 次，以后每年免疫 1 次。

对犬传染性肝炎的治疗宜早不宜迟，对发病犬立即进行隔离，病犬污染的环境要进行彻底消毒。治疗一般采取对症疗法和支持疗法。早期大剂量使用高免血清，同时注重保肝、利胆和控制出血症状。一旦出现明显的临床症状，即使使用大剂量的高免血清也很难有治疗作用。对严重贫血的病例采用输血疗法有一定的作用。对症治疗，静脉补葡萄糖、电解质液体及三磷酸腺苷、辅酶 A 对本病康复有一定作用。皮下或肌肉注射维生素 C、维生素 B_1、维生素 B_{12}。全身应用抗菌素及磺胺类药物可防止继发感染。对患有角膜炎的犬可用 0.5% 利多卡因和氯霉素眼药水交替点眼。

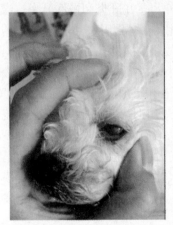 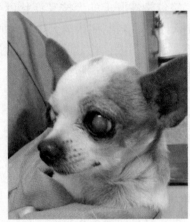

犬传染性肝炎蓝眼症状

第五节　犬副流感病毒感染

犬副流感病毒感染是由犬副流感病毒引起的犬的一种以咳嗽、流涕、发热为特征的呼吸道传染病。常突然发病，出现频率和程度不同的咳嗽，以及不同程度的食欲降低和发热，随后出现浆液性、黏液性甚至脓性鼻液。常在 3 ~ 7 天自然康复，继发感染后咳嗽可持续数周，甚至死亡。

一、诊断要点

犬副流感病毒分类上属副粘病毒科，副粘病毒属。核酸型为单股 RNA，对犬有致病性的主要是副流感病毒Ⅱ型。本病毒对理化因素的抵抗力不强，在 pH=3 或 37℃下迅速灭活。感染犬的鼻液和咽拭子可分离出本病毒。

犬副流感病毒可感染玩赏犬，试验犬和军、警犬，在军犬中常发生呼吸道病，在试验犬中产生犬瘟热样症状。急性期病犬是最主要的传染来源，自然感染途径主要为呼吸道。

病犬主要表现为呼吸道症状，突然发热，有大量黏性脓性鼻分泌物，结膜炎、咳嗽、呼吸困难，抑郁和厌食。当与支气管败血博代氏菌合并感染时，临床表现剧烈干咳（但很少为痰咳）、肺炎，以及眼、鼻有大量分泌物，成为 11 ～ 12 周龄幼犬的致死性疾病，病程 3 周以上。成年犬患病后症状较轻，大部分病犬可完全恢复。

有的犬感染后表现为后躯麻痹和运动失调，由患犬脑脊髓液分离出 CPIV78-238 毒株，经脑内接种 6 日龄幼犬，7 ～ 10 天后表现痉挛、抑制等神经症状。

剖检可见鼻孔周围有浆液性或黏液脓性鼻漏，结膜炎，扁桃体炎，气管、支气管炎，有时肺部有点状出血。组织学检查，在上述黏膜下有大量单核细胞和中性粒细胞浸润。神经型主要表现为急性脑脊髓炎和脑内积水，整个中枢神经系统和脊髓均有病变，前叶灰质最为严重。

犬呼吸道传染病的临床表现非常相似，不易区别。细胞培养是分离和鉴定犬副流感病毒的最好方法。另外，利用血清中和试验和血凝抑制试验检查双份血清的抗体效价是否上升也可进行回顾性诊断。

二、防治措施

本病无专用疫苗，但可试用国产六联苗或进口六联苗、七联苗进行免疫。平时注意搞好犬的饲养管理和保健工作。

治疗原则为抗病毒、防治继发感染和止咳化痰对症处理。

镇咳可用可待因、咳必清、复方甘草片等；控制肺部感染可肌肉注射广谱抗生素，如头孢霉素类、卡那霉素等；抗病毒可用病毒灵、病毒唑，中药板蓝根、双黄连、大青叶、黄芪制剂等可试用。

有条件者注射高免血清、免疫球蛋白、干扰素等，以增强机体抗病毒能力。

第六节　犬疱疹病毒感染

犬疱疹病毒感染是一种主要侵害新生仔犬，引起急性、无热、迅速致死的一种传染病。对于 2 周龄幼犬常引起急性死亡，成年犬的感染呈现自限性生殖系统局部病变，并很快趋向自愈。

一、诊断要点

病原为犬疱疹 I 型病毒，具有疱疹病毒所共有的一般形态特征。细胞核内未成熟无囊膜的病毒粒子直径约 90 ～ 100nm，胞浆内成熟有囊膜的病毒粒子直径为 115 ～ 175nm。病毒对热敏感，56℃ 4 分钟即可灭活，37℃ 5 小时其感染力下降 50%，-70℃保存只能存活数月。病毒对酸抵抗力较弱，pH 值酸性环境中很快丧失活力。病犬和康复犬是主要传染源，经呼吸道、消化道和生殖道传染，新生幼犬也可经过胎盘感染。

潜伏期 3 ～ 8 天，3 ～ 7 日龄发病的仔犬最初表现精神沉郁，不能主动吮乳，鼻镜干燥，鼻腔有浆液性鼻液，张嘴呼吸，喜卧，用手刺激肛门可排出黄绿色稀便。出现这些症状 1 ～ 2 天后，幼犬完全停止吮乳。病犬连续嚎叫，个别犬仰卧，腹部呈明显的阵缩，按压腹部有敏感的疼痛反应。出现这些症状的一般不超过 10 小时即死亡，部分犬持续嚎叫 24 小时死亡，多数在发病后 3 天死亡。

成年犬感染后，病毒主要侵害生殖器官和呼吸道黏膜。母犬感染后阴道黏膜出现散在的淤血和出血斑，并引起流产和死胎。公犬感染后，包皮和阴茎常呈轻微浆液性炎症，分泌物增多。在感染 4 ～ 5 天内，眼部常出现一过性结膜炎症状。

剖检可见肝、肾、肺和脾等表面有灰白色坏死病变和出血点，肺和肾尤为明显。胸腔腹腔内有带血的浆液样液体，肾皮质有散在坏死灶，包膜下有出血点，肠黏膜点状出血，肠系膜淋巴结肿大、出血。肺明显水肿，支气管充满红色泡沫样浆液。

通常根据上述临床特征和病理剖检变化，结合流行特点，可做出初步诊断，确诊要依据病毒或血清学试验。

二、防治措施

目前尚无特效疗法，主要采取一般性防疫措施，如搞好犬场卫生，定期消毒犬舍。母犬产房在产前进行彻底消毒，加强饲养管理，提高母犬的抵抗力。目前无有效疫苗可预防。发病犬注入 1 ～ 2ml 高免血清可降低致死率，但效果不肯定。注意保温，可以喂食葡萄糖水和抗病毒药，为防止继发感染可给予抗生素等。

第七节　大肠杆菌病

大肠杆菌病是人畜共患的常见病，也是新生仔犬常见的一种急性肠道传染病，分布广泛。该病主要是由致病性大肠杆菌引起，以发生严重腹泻和败血症为特征。

一、诊断要点

大肠杆菌为革兰氏阴性小杆菌，呈卵圆形，两端钝圆，多数菌体有鞭毛和荚膜，不形成芽孢，兼性厌氧菌。该菌具有中等程度抵抗力，在潮湿阴暗而温暖的环境中可存活 1 个月，在寒冷而干燥的环境中生存时间较长。对常用消毒药敏感，巴氏消毒可灭活。引起犬发病的大肠杆菌一般不产生不耐热的肠毒素，不带 K88 抗原，本菌的内毒素是引起腹泻的主要原因。各年龄犬均具有易感性，以

1～4月龄幼犬最易感。幼犬发病率高，死亡率高，哺乳期间的死亡率最高，不同品种的犬均可发病。病犬和带菌犬是本病的主要传染源，可通过消化道、呼吸道等途径感染，仔犬可在哺乳过程中经大肠杆菌污染的母犬乳头感染。本病多发于夏秋高温、高湿季节。

本病潜伏期2～5天，断奶前后的幼犬最易发病。最急性未见临床症状就已经死亡，或白天发病而夜晚突然死亡。急性体温一般正常或者略高，精神沉郁、被毛粗乱、脱水、消瘦、腹部膨胀，病初粪便稀软，呈黄色，随后下痢加剧，呈灰白色带黏液泡沫。严重的发生水泻、肛门失禁，呈里急后重，引起直肠脱出。发病犬采食减少或者停止采食，极度消瘦，弓腰，眼窝下陷，乏力，临死前体温下降。

剖检胃黏膜有出血，肠壁变薄，肠管肿胀，肠黏膜脱落，肠内容物呈黑色。肠系膜淋巴结肿胀、出血，肝脏充血、肿大。脾淤血，肺间有气肿和水肿，肺淤血、出血、坏死，部分脑膜充血。

根据发病年龄和腹泻特点，可做初步诊断。必要时做细菌学检查，由小肠内容物分离出大肠杆菌，用血清学方法鉴定，如为病原性血清型即可确诊。

二、防治措施

加强饲养管理，搞好环境卫生，尤其是在母犬产仔前后彻底清扫消毒产房，保持母犬乳房干净。产房要保温，要使仔犬尽早哺食初乳；精心饲养母犬，及早防治母犬泌乳不足等。也可在母犬食物中添加抗生素、磺胺类、大蒜酊等进行药物预防。发现病犬立即治疗，对同窝未发病仔犬及时采取药物预防措施。勤打扫圈舍，增加消毒次数。可选用3%烧碱、来苏儿或甲醛溶液等进行消毒，对饲养管理用具要经常清洗消毒。

很多药物对大肠杆菌都有较好的疗效，但必须早期发现，早期治疗。常用的药物有磺胺类药物、喹诺酮类药物、大蒜酊，以及其他消炎止泻的药物。对重症病例静脉或腹腔注射葡萄糖盐水和碳酸氢钠溶液，并保证足够的清洁饮用水，预防脱水。对同窝未发病仔犬用上述药物预防。此外，可适当配合输液，维护心脏功能，清肠制酵，保护胃肠黏膜。

犬大肠杆菌性腹泻稀便

第八节 沙门氏菌病

沙门氏菌病又叫副伤寒，是由沙门氏菌属细菌引起的人畜共患病。犬沙门氏菌病多由鼠伤寒沙门氏菌引起，病犬主要表现为败血症和肠炎，幼犬常因迅速脱水而衰竭死亡。

一、诊断要点

沙门氏菌为革兰氏阴性肠道杆菌，能运动，不形成芽胞和荚膜，为需氧和兼性厌氧菌，能在普通培养基快速增殖。沙门氏菌对干燥、腐败和日光等外界因素的抵抗力较强，尤其粪便中的细菌可存活10个月；对化学消毒药的抵抗力不强，一般常用消毒药均可杀死。

传染源主要是患病动物的尸体，以及被病菌污染的饲料和饮水，含有沙门氏菌尘埃的空气也可引起传播。传播途径主要是消化道及呼吸道，但主要是前者。舍饲家犬的沙门氏菌病多因喂饲未经煮熟的或生的肉品而感染，特别是肝、脾、肠等内脏更易引起感染，因为沙门氏菌能在这些内脏中大量增殖。散养犬感染机会高于舍饲犬，在其自由采食被沙门氏菌感染或污染的动物尸体、乳、蛋以及污水和粪便时受到感染。经食具、容器和人引起的间接传播虽可发生，但不多见。犬体质过弱、长途运输以及较长时期经口投服抗生素类药物致使肠道菌群失调等情况，也能诱发本病。

本病的临床表现与感染细菌数量、动物免疫力、并发因素和并发症的不同有关，主要分为胃肠炎型、菌血症和内毒素血症型。

胃肠炎型是常见的病型，尤其发生在幼龄和老龄犬时，症状更为明显严重。最初表现为发热，体温高达 40～41℃，精神不振、厌食、呕吐和腹泻。初期粪便稀薄如水，随后转为黏液样，严重病例因胃肠道出血而出现血便。发病几天后，病犬体重下降，黏膜苍白，严重虚弱，病重者发生休克。个别病犬在出现肠炎症状同时，可见后肢瘫痪、抽搐以及呼吸困难和咳嗽等肺炎症状，这类病犬多数死亡。体质健壮的成年犬发生沙门氏菌感染时，通常只表现为 1～2 天的剧烈腹泻，随即转为正常。妊娠犬感染沙门氏菌后，可致流产和死胎，产下的仔犬常体弱消瘦。

菌血症和内毒素血症，这种病型主要见于幼犬和由于种种因素致使免疫力降低的成犬。患犬表现极度沉郁、虚弱、体温下降和毛细血管充盈不良等症状。大部分病犬随后出现胃肠炎症状，但也有少数病例不呈现胃肠炎症状。

最急性型常不见病理变化。急性型发生败血症变化，各脏器有出血点，脾脏肿大，肠系膜淋巴结肿胀，还可见到出血性肠炎或者坏死性肠炎，肝脏出血，呈黑红色。病程较慢时，肝脏脂肪变性，后期发生肝硬化，胆囊增大、发炎，肠道特别是回肠和大肠可见坏死性炎症，肠系膜淋巴结肿胀，肺脏变大。

当病犬发生急性或慢性胃肠炎时，应怀疑有沙门氏菌感染的可能性，但要确诊必须做细菌分离。本病常误诊为细小病毒或冠状病毒感染，应注意鉴别。

二、防治措施

加强饲养管理，消除发病诱因是预防本病的重要环节。发病后，首先隔离病犬，进行消毒，给予易消化的饲料。抗生素是常用的治疗方法。阿莫西林胶囊 200～300mg，一次口服，每天 2 次，连用 3～4 天；甲氧苄胺噻唑 40～80mg，一次口服，每天 1 次，连用 5～7 天；大蒜酊 20～40mg，一次口服，每天 3 次，连用 3～4 天。

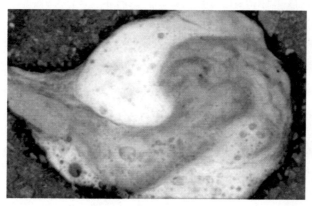

犬沙门氏菌病排泄物

第九节　钩端螺旋体病

本病是由致病性的钩端螺旋体引起的一种人畜共患病。犬主要表现为出血性黄疸高热、出血性素质、流产、皮肤坏死、水肿等症状。

一、诊断要点

犬钩端螺旋体病的病原主要为犬钩端螺旋体和出血性黄疸钩端螺旋体。钩端螺旋体菌体纤细，螺旋紧密缠绕，一端或两端有特征性的小钩，在旋转时两端柔软而中间僵硬。钩端螺旋体为严格需氧菌，对 pH 6.2 ～ 8.0 以外的酸碱敏感。50℃ 10 分钟、60℃ 10 秒钟以及常用消毒剂可将病菌杀死。干燥和阳光也可将其迅速致死。但本菌对冷冻有很强的抵抗力，在 -70℃ 下可以保持毒力数年。

本病在世界各地均有发生，尤其是在热带、亚热带地区多发；也有明显的季节性，一般是夏秋季节多发。鼠类、猪和食虫类是钩端螺旋体的主要宿主，鼠类在感染后多呈带菌状态，不表现临床症状，长期排毒而成为主要的传染源。其中，鼠类在本病的传播中起到最主要作用，很多鼠类感染后不发病，可长期向外界排出病原菌，成为永久的传染源。钩端螺旋体主要存在于宿主的肾脏当中，随尿排出。传播途径主要是通过直接接触，可通过完整的皮肤黏膜、伤口与消化道来传播，本病也可经胎盘传染给胎儿。各种年龄的犬均可发病，公犬的发病率高于母犬，幼犬易感且症状较重。

潜伏期一般为 2 ～ 20 天，临床症状和预后主要与感染钩端螺旋体的血清有关。感染黄疸出血群钩端螺旋体的病犬，多数表现急性出血型或黄疸型经过，症状严重，多预后不良，但也有部分感染犬呈现以肾炎型为主的亚急性经过。犬群钩端螺旋体的感染概率最高，临床上主要是以亚急性或慢性肾炎型为主，预后良好。

出血性黄疸型几乎无潜伏期，病犬突然发病，精神沉郁、短期体温升高、呕吐、体质虚弱、肌肉僵硬及疼痛、四肢乏力，常呈坐势而不愿走动，食欲废绝，眼结膜和口腔黏膜充血、出血，呼吸促迫，心律不齐，体表淋巴结肿胀，70% 的病犬出现黄疸和血便，尿液浑浊色浓，呈豆油色。病犬最后因极度衰弱而死亡，病程很短，往往于发生黄疸后 3 ～ 5 天死亡，个别病犬发病几小时后就死亡，如能耐过一周以上，多数能治愈。

亚急性肾炎型，病犬精神沉郁、食欲减少、体温升高、可视黏膜充血，部分病例可见溃烂和出血，肌肉疼痛不愿活动。病情急剧加重时，则发展为尿毒症，出现呕吐、血便、无尿、臭尿或脱水等症状。后期病犬常出现慢性肾炎症状，触诊肾肿大。亚急性病犬经及时有效的治疗，大多数愈后良好。大多数病犬死于尿毒症。

病犬和死亡犬可见严重脱水和黄疸，眼球下陷。口腔部、齿龈黏膜有出血点、坏死灶、小溃疡病灶。皮肤、皮下脂肪、内脏脂肪、浆膜、胸腹腔动脉内膜、肠系膜、大网膜呈现黄染。心脏内外膜、肝小叶、肺脏、肾脏表面、膀胱黏膜黄染，有出血斑点。胃、十二指肠、大肠、直肠黏膜肿胀充血，呈黑红色；肝肿大，颜色较暗，质脆易碎；胆囊肿大，胆汁浸染脾脏、肝脏等组织；肾肿大，皮质部呈白色或灰白色小病灶；淋巴结肿大；肺水肿，弥漫性出血，切面呈暗红色；腹腔有淡黄色腹水或血性腹水。

犬发生急性肾衰竭时，可怀疑是钩端螺旋体病，一旦病犬同时伴有发热、白细胞数增加、肝功能衰竭等症状，即可初步诊断为钩端螺旋体病。钩端螺旋体病必须依据临床症状、临床病理学检查、细菌学检查以及血清学检查等多方面综合确诊。

二、防治措施

当发生钩端螺旋体病时，首先要立即将病犬隔离，并对其污染的环境进行消毒，禁止健康犬到污染的环境活动，可以有效控制疾病的流行。同时要对病犬进行彻底治疗，防止成为传染源。对于其他没发病的犬，可以口服一周头孢克肟或盐酸多西环素进行预防。仔犬在 2 月龄时开始接种钩端螺旋体疫苗，在 11 ～ 12 周龄时二免，在 14 ～ 15 周龄时三免，以后每年接种 1 次。加强环境卫生，消除和清理被污染的水源、污水、淤泥、饲料、场舍、用具等以防止传染和散播，可用 2% ～ 5% 漂白粉溶液、2% 氢氧化钠溶液或 3% 来苏儿进行消毒。

治疗原则为抗菌消炎、补充体能、保肝、强心、止血止吐、纠正酸中毒。抗菌消炎，用 5% 葡萄糖、头孢拉定、地塞米松混合后静脉滴注。补充体能、保肝，用 5% 葡萄糖、复合维生素 B、辅酶 A、ATP、肌酐混合静脉注射。止血止吐，用 5% 葡萄糖、庆大霉素、维生素 B_6、654-2、止血敏混合静脉注射。纠正酸中毒、调节电解质平衡，缩合葡萄糖注射液、$NaHCO_3$、CNB 混合静脉注射。

痛立定皮下注射，达到止痛效果。口腔溃疡面处理可用 1‰ 高锰酸钾溶液清洗口腔 2 ～ 3 次。如出现尿少尿频，用 10% 葡萄糖加入速尿注射液混合注射。

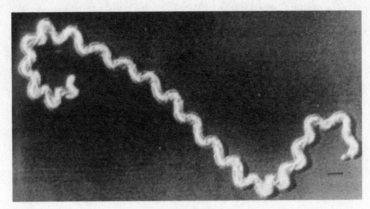

犬钩端螺旋体

第二章　寄生虫病

第一节　犬钩虫病

本病是由钩口科钩口属、弯口属的线虫寄生于犬的小肠尤其是十二指肠中引起犬贫血、胃肠功能紊乱及营养不良的一种寄生虫病。

一、诊断要点

犬钩虫和狭头钩虫病多发生于夏季，严重感染时，病犬出现食欲减退或不食、呕吐、下痢，典型症状排出的粪便带血，色呈黑色、咖啡色或柏油色。可视黏膜苍白，消瘦，脱水。红细胞数下降到 400 万 / 立方毫米以下，比容下降至 20% 以下。患犬可极度衰竭死亡。由胎盘感染的仔犬，出生 3 周左右，食乳量减少或不食，精神沉郁，不时叫唤，严重贫血，昏迷死亡。躯干皮肤过度角化、瘙痒，破后可造成皮肤继发感染性皮炎，称钩虫性皮炎。

检查主要包括形态学观察：其主特征为虫体粗壮，头端向背面弯曲，口囊大，腹侧口缘上有 3 对大齿。口囊深部有 1 对背齿和 1 对侧腹齿。雄虫长约 9 ～ 12mm，交合伞的各叶及腹肋排列整齐对称，两根交合刺等长。雌虫长 10 ～ 21mm，阴门开口于虫体后 1/3 前部，尾端尖细。据此可鉴定为犬钩口线虫。粪便检查：利用饱和盐水浮集法进行虫卵检查，观察到大小为 50 ～ 65μm × 37 ～ 43μm、无色、呈两端较钝的椭圆形的虫卵，新鲜虫卵内含 2 ～ 8 个卵细胞，符合钩虫虫卵特征。

二、防治措施

钩虫病是由犬钩口线虫寄生于犬的十二指肠内而引起的一种线虫病，呈世界性分布，我国各地普遍流行。犬钩口线虫是土源性线虫，生活史简单，其发育不需要中间宿主参与，虫卵随犬粪便排到外界，在适宜的温度和湿度条件下，幼虫经两次蜕化发育为感染性幼虫。感染性幼虫可随饲料或饮水被犬摄食而感染，也可主动钻进皮肤而感染。因此，在预防本病时应对病犬及时驱虫，以防散布病原。卫生消毒应保持犬舍清洁干燥，及时清理粪便，定期喷洒消毒药物。清除的粪便应堆放发酵，阻断钩虫的发育，并成年犬与幼年犬分开饲养。

犬钩虫病

钩虫引起牙龈及口腔黏膜苍白

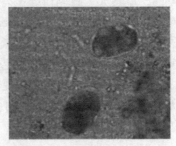

钩虫虫卵

　　驱虫可选用如下药物：4.5% 二碘硝基酚液，一次皮下注射，剂量为每千克体重 0.22ml（10mg），对犬的各种钩虫驱虫效果达100%。此外，也可采用盐酸左旋咪唑片剂，按 8mg/kg 体重的剂量，给犬一次口服；丙硫咪唑，按 10mg/kg 体重的剂量一次口服；伊维菌素 200μg/kg 体重的剂量，一次皮下注射。严重贫血时，需对症治疗，口服或注射含铁的滋补剂或输血。

第二节　犬蛔虫

　　该病是由犬蛔虫和狮蛔虫寄生于犬的小肠和胃内引起的，在我国分布较广，主要危害 1～3 月龄的仔犬，影响生长和发育，严重感染时可导致死亡。

一、诊断要点

　　蛔虫轻度感染时一般不表现症状。当严重感染时，大量虫体移行对宿主的肠壁及其他脏器造成机械损伤，虫体在发育过程中产生毒素，对宿主也产生危害。主要表现为肺与肠出血及脉管炎、肺炎变化，出现消化不良，腹泻与便秘交替发生，食欲下降，日渐消瘦，贫血；当蛔虫寄生过多，拥挤成团可导致肠阻塞。有的还发生虫体钻孔移行造成肠穿孔、腹膜炎、胆囊炎、肝脓肿、肝出血等，导致病犬死亡。

　　主要症状：①渐进性消瘦、可视黏膜发白、营养不良、被毛粗乱无光、食欲不振、呕吐，偶见呕吐物中有虫体，粪便有时见有虫体。②异嗜，消化功能障碍，触诊、隔腹触压肠管，大量虫体寄生时可感到肠管套叠界线。有腹痛症状，患犬不时叫唤。出现套叠或梗阻时，患犬全身情况恶化，不排便。③先下痢而后便秘。偶见有癫痫性痉挛。幼犬腹部膨大，发育迟缓。感染严重时，其呕吐物和粪便中常排出蛔虫，即可确诊。

　　采集新鲜粪便，涂片检查虫卵，或用饱和盐水漂浮法收集虫卵，药物驱虫后，对排出的虫体进行鉴定以确诊。

二、防治措施

（1）搞好清洁、卫生。对环境、食槽、食物的清洁卫生要认真搞好，及时清除粪便。

（2）定期检验与驱虫。幼犬每月检查1次，成年犬每季检查1次，发现病犬，立即进行驱虫。

（3）选用驱虫药物。丙硫咪唑：5～8mg/kg体重，或左旋咪唑：10mg/kg体重一次口服；甲苯咪唑：10mg/kg体重，每天服2次，连服2天；噻嘧啶（抗虫灵）：5～10mg/kg体重内服；枸橼酸哌嗪（驱蛔灵）：100mg/kg体重内服；虫克星（阿维菌素）：用0.2%粉剂"虫克星"，0.14g/kg体重一次口服。

（4）肌肉注射：伊维菌素注射液0.2mg/kg，或者盐酸左旋咪唑注射液10mg/kg。

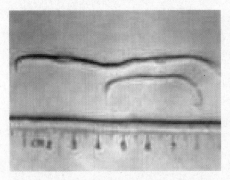

犬蛔虫

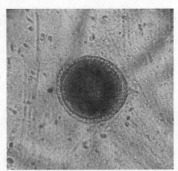

犬蛔虫虫卵

第三节　犬心丝虫病

犬心丝虫病又名犬恶丝虫病，是由丝虫科的犬恶丝虫寄生于犬心脏的右心室和肺动脉引起的，除犬外，猫、狼和狐等其他肉食动物均可感染。

一、诊断要点

病犬最早出现的症状是慢性咳嗽，常表现为干咳，一般并发上呼吸道感染的其他症状，运动时咳嗽加重，且易疲劳。随着病情发展，病犬出现心悸亢进，脉细弱并有间歇，心内有杂音。肝区触诊疼痛，肝肿大，个别病例出现血红蛋白尿、黄疸等症状。腹腔积水，全身浮肿，呼吸困难。长期受到感染的病例，肺源性心脏病十分明显。末期，由于全身衰弱或运动时虚脱而死亡。病犬常伴发结节性皮肤病，以瘙痒和倾向破溃的多发性灶状结节为特征。皮肤结节为血管中心的化脓性肉芽肿炎症，在化脓性肉芽肿周围的血管内常见有微丝蚴。X线摄影可见右心室扩张，主动脉、肺动脉扩张。

根据病史调查和临床症状观察可做出初步诊断，而后于夜晚采外周血液涂片或静脉采血后利用溶血集虫法涂片镜检，查找微丝蚴。具体步骤如下：①鲜血涂片法：取末梢血1滴于载玻片，涂片后，直接在显微镜下，移动不同视野，观察活动的微丝蚴。微丝蚴长280～300μm，呈细丝状。②溶血集虫法：静脉采血1ml置于试管中，加入1%稀盐酸5ml，振荡片刻，以2500rpm离心5分钟，弃去上清液，取沉淀物涂片，以低倍镜检查，发现微丝蚴者为阳性。

用以上方法检查出微丝蚴阴性时，还不能说明未感染，可能有以下原因：虫体尚未成熟，没有繁殖微丝蚴的能力；单性成虫寄生不产生微丝蚴；雌雄两性成虫隐性寄生也可能检不出微丝蚴。对疑似本病而查不出微丝蚴的，可用超声波或免疫学方法进一步确诊。

二、防治措施

犬心丝虫病综合性治疗时，彻底杀灭病原体是治疗的关键。杀虫药物包括驱杀微丝蚴和驱杀成虫两类，有成虫存在时，要结合使用。

临床上常采用左旋咪唑 5mg/kg，口服，连用 7 ～ 14 天；近年来，采用伊维菌素 0.05mg/kg，口服或肌肉注射，一次用药，在 10 天内重复给药 1 次，效果较好。若 3 周后血液中仍可检测出微丝蚴，证明有成虫感染，需配合驱成虫药物治疗。驱杀成虫可采用密砷胺 2.5mg/kg，深部肌肉注射，间隔 24 小时重复用药 1 次。感染严重者，30 天后再注射 2 次同样剂量的密砷胺，间隔 24 小时。使用杀成虫药物时，最好配合一些抗血小板凝集的药物，以防血栓形成。

对症治疗可进行强心、利尿、镇咳、肾上腺皮质激素类、保肝等药物治疗，以改善犬机体状况。通常症状严重者多预后不良。

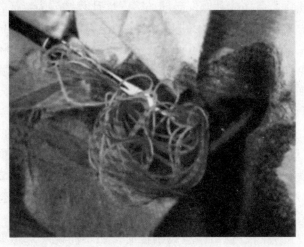

犬心丝虫

第四节　犬绦虫病

绦虫病是犬常见的危害较大的寄生虫病之一。成虫寄生于犬小肠内，多种家畜和犬是其中间宿主。作为中间宿主的动物所受到的损害远较成虫期宿主严重。绦虫成虫期仅寄生于肠道，而其幼虫则可寄生于中间宿主的肝、肺、脑、肌肉、肠系膜、心、脾、骨及其他组织，当寄生于大脑时则有生命危险。

一、诊断要点

轻度感染时常不出现症状，除了偶然排出成熟孕卵节片外，通常不引人注意。严重感染时，出现呕吐、慢性肠卡他或便秘与腹泻交替发生，贪食、异嗜，病犬逐渐消瘦、贫血、营养不良，容易激动或精神沉郁，有的呈现剧烈兴奋（假性狂犬病症状）、扑人，有的发生痉挛或四肢麻痹。虫体成团时可堵塞肠管，导致肠梗阻、肠套叠、肠扭转和肠破裂等急腹症。本病常呈慢性经过，虽然对犬的危害较轻，但犬绦虫是人和动物多种绦虫蚴病的主要传染源，在公共卫生上具有重要意义。

检查绦虫节片：如发现病犬肛门口夹着尚未落地的绦虫孕节，以及粪便中夹杂短的绦虫节片，均可帮助确诊。节片呈白色，最小的如米粒，大的可达 9mm 左右。

用饱和生理盐水浮集法检查粪便中的虫卵或卵囊。

二、防治措施

治疗绦虫的药物较多，主要有：槟榔末，体重 30kg 左右的犬给以 15 ～ 20g，20kg 左右为 10 ～ 15g，10kg 左右为 7 ～ 7.5g，掺入肉、奶中服用，使用煎剂时，药量可增加 3 ～ 6 倍；溴氢酸槟榔碱，1.5 ～ 2.5mg/kg 体重，在病犬停食 12 ～ 20 小时后给药，为防止呕吐，应在服药前 15 ～ 20 分钟给予稀释的碘酊 1 ～ 2 滴（加入 10ml 水中）内服；驱绦灵（氯硝柳胺），100 ～ 150mg/kg 体重，1 次空腹内服，但对细粒棘球绦虫无效；吡喹酮，5mg/kg 体重，1 次内服；硫双二氯酚（别丁），200mg/kg 体重，1 次内服，对带绦虫无效；盐酸丁萘脒，25 ～ 50mg/kg 体重，1 次内服。驱除细粒棘球绦虫时 50mg/kg 体重，1 次内服，间隔 48 小时后再服 1 次；丙硫咪唑，10 ～ 20mg/kg 体重，每天口服 1 次，连用 3 ～ 4 天。

预防应定期驱虫，每年应进行 4 次驱虫（每季度 1 次），也可根据虫卵或虫体检查，及时发现及时驱虫。屠宰场的废弃物，特别是未经无害处理（高温煮熟）的非正常肉食品不要喂犬。在裂头绦虫流行地区所捕捞的鱼、虾，最好不给犬生食，以免感染裂头蚴。应用蝇毒灵、倍硫磷、溴氢菊酯等药物杀灭犬舍和犬体的蚤和毛蚤。大力防鼠灭鼠。加强饲养管理，严禁犬进入畜舍、饲料库房、屠宰场以及废料加工场所。

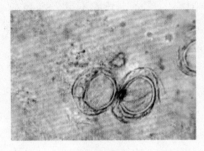

犬绦虫虫卵　　　　　　　　　　　犬小肠中绦虫

第五节　犬华支睾吸虫病

犬华支睾吸虫病的病原体为华支睾吸虫，寄生于胆囊及胆管内。本病分布很广，有24个省市均已发现此病。

一、诊断要点

本病常呈慢性经过，轻度感染时无明显症状；重度感染时，最初表现为精神萎靡、消化不良、食欲不佳，病情逐渐加剧，出现呕吐、下痢、贫血、黄疸等症状。后期显著消瘦，肝硬变，多继发腹水而使腹部膨大，如不及时治疗，常导致死亡。

剖检肝脏肿大，可达正常的2～3倍，表面凹凸不平，布满土黄色、大小不一的囊肿；胆囊肿大、胆汁浓稠、胆管变粗，在囊肿、胆管、胆囊内可见大量活的虫体和虫卵；十二指肠内可见少量虫体，小肠黏膜出血，肠壁水肿，胃内常积有大量液体，内含黑褐色絮片状物，腹腔内有数量不等的淡黄色积液。

如病犬喂过生的或未经煮熟的淡水鱼虾也可导致此病。病犬消瘦、精神沉郁、贫血、黄疸、食欲减退、消化不良、呕吐、排稀便或血便。腹壁紧张，触诊肝区敏感，肝脏肿大、后移。粪便检查发现虫卵即可确诊。华支睾吸虫卵大小为 $29 \times 17\mu m$，呈黄褐色，葵花子形或梨形，顶端有盖，肩峰明显，卵内含有毛蚴。

二、防治措施

吡喹酮是治疗犬、猫华支睾吸虫病较为理想的药物，50～75mg/kg 体重口服，一般 1 次即可奏效，但最好在 5～7 天后再服 1 次。此外，也可试用六氯对二甲苯、丙硫苯咪唑等药物。对于发病初期或病情较轻的犬，可用 25% 葡萄糖、5% 碳酸氢钠、复方氯化钠、三磷酸腺苷、辅酶 A 及维生素 B_1、维生素 B_{12} 等治疗。对于病情较重的犬，除上述方法外，还应进行止吐、消炎。治疗中注意，对于已经出现肝腹水的病例，不宜进行腹腔注射。加强预防，不让犬采食生的淡水鱼虾；在鱼塘边、沟渠旁饲养的犬要定期驱虫，检查治疗；消灭第一中间宿主淡水螺。

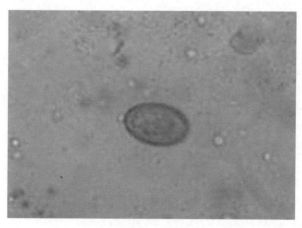

犬华支睾吸虫虫卵

第三章 呼吸系统疾病

第一节 支气管肺炎

支气管肺炎是指细支气管及肺泡的炎症。支气管肺炎多为继发性疾病，发生在犬瘟热、犬腺病毒病、犬疱疹病毒病等的过程中，当机体抵抗力下降时，某些细菌（化脓杆菌、肺炎球菌、巴氏杆菌、葡萄球菌等）大量繁殖，以致本病。多见于幼龄犬和老龄犬。

一、诊断要点

病犬全身症状明显，精神沉郁，食欲减退或废绝，眼结膜潮红或蓝紫，脉搏增数，呼吸浅表且快，甚至呼吸困难。体温升高，但时高时低，呈弛张热型。病犬流鼻涕、咳嗽，胸部听诊可听到捻发音，胸部叩诊有小片浊音区。

二、防治措施

消除炎症。消炎常用抗生素，如青霉素、多西环素、头孢克肟、红霉素、卡那霉素及庆大霉素等。若与磺胺类药物并用，可提高疗效。

祛痰止咳。频发咳嗽、分泌物黏稠时，选用溶解性祛痰剂，如氯化铵 0.2～1g/次。痰易净（咳易净）溶液行咽喉部及上呼吸道喷雾，一般用量 2～5ml/次，一天 3 次。此外，也可用远志酊 10～15ml、桔梗酊 10～15ml/次等。

制止渗出可促进炎性渗出物吸收。可静注 10% 葡萄糖酸钙，或以 10% 安钠加 2～3ml、10% 水杨酸钠 10～20ml、40% 乌洛托品 3～5ml，混合后静脉注射。

对症治疗。主要是强心和缓解呼吸困难。为了防止自体中毒，可应用 5% 碳酸氢钠注射液等。

提高机体抗病力。加强日常锻炼，提高机体的抗病能力，避免机械性、化学性因素的刺激，保护呼吸道的自然防御机能，及时治疗原发病。

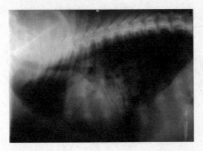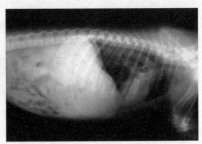

犬支气管肺炎 X 线检查

第二节　大叶性肺炎

大叶性肺炎是整个肺叶发生的急性炎症，临床上以高热稽留、呼吸困难、肺部广泛性浊音为特征。本病病因可分为传染性和非传染性。传染性：由某些病毒病引起，如犬瘟热、传染性气管支气管炎、腺病毒、疱疹病毒等，可导致肺炎的发生。非传染性：在机体抵抗力低时，外界的病原菌可导致肺炎的发生，如肺炎双球菌、链球菌、葡萄球菌、巴氏杆菌等。另外，受寒冷刺激、感冒、长途运输、环境卫生条件不好、吸入有刺激性气体均可导致本病的发生。

一、诊断要点

（1）主要症状。精神高度沉郁，食欲废绝，体温升高 40℃ 以上，呈稽留热，心跳快可达 150 次以上，呼吸困难，张口呼吸，并有间歇性痛咳。眼结膜潮红或发绀，脱水，胸部叩诊通常有广泛性浊音区，听诊肺泡音弱或消失，有时可有湿性啰音。当继发胸膜炎时呼吸更加困难，胸壁叩诊疼痛敏感。

（2）血液学检查。白细胞总数可达2万/立方毫米以上，嗜中性白细胞增多，核左移现象明显，比容增高。

（3）X射线检查。X射线检查是诊断本病的主要依据，拍片检查可见肺部有明显的广泛性阴影。

二、防治措施

防治同支气管肺炎。

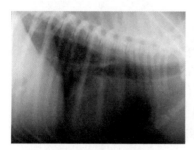 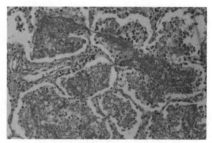

犬大叶性肺炎X线检查　　　　　　大叶性肺炎病理学切片

第三节　胸膜炎

胸膜炎是伴有渗出液与纤维蛋白沉积的胸膜炎症。本病的病因有：外伤性胸膜炎，如交通事故、犬之间打斗咬伤胸部、枪弹透创及穿刺感染等；继发性胸膜炎，如肺炎、心包炎、肺结核、胸部肿瘤及脓毒血症等。

一、诊断要点

（1）主要症状。发病初期精神沉郁、食欲不振、体温高达$40.5 \sim 41.5$℃。呼吸浅表而快，因胸部有渗出液或有粘连，听诊可有拍水音和摩擦音。胸部叩诊，犬躲闪敏感。当有大量渗出时，液体积聚于胸腔，压迫肺脏，可见有呼吸困难，结膜、口色发绀。慢性胸膜炎表现反复发热、呼吸急促，若胸膜有广泛性粘连和胸膜增厚时，听诊肺泡音弱或无，叩诊时有大面积浊音区。

（2）血液检查。白细胞总数明显增高，中性粒细胞增高，核左移现象明显，淋巴细胞相对减少。

（3）透视检查。可见胸腔有液体，随呼吸运动液体有波动。

根据临床症状，血液检查及 X 射线检查可以确诊。病犬以腹式呼吸，胸壁触诊疼痛、敏感。叩诊有水平浊音，听诊有摩擦音。胸腔穿刺可有大量黄色易凝固的渗出液。

二、防治措施

消炎，制止炎性渗出。氨苄青霉素 10 ～ 20mg/kg 体重静脉注射，每天 3 次；左氧氟沙星 10mg/kg 体重，口服或肌肉注射，2 次 / 天，或先锋霉素、庆大霉素、丁胺卡那霉素及磺胺类药物等；葡萄糖酸钙注射液（10%），10 ～ 20ml/ 次静脉注射，或氯化钙及葡萄糖氯化钙等；消除胸水，速尿 2 ～ 4mg/kg 体重，口服，2 次 / 天，也可胸腔穿刺法将胸水抽出。

第四章　消化系统疾病

第一节　犬胃扭转

犬的幽门部移动性较大，尤其是大型犬、老龄犬，当胃臌气、胃异常蠕动或胃内容物过度充满时，常导致胃肝韧带、十二指肠韧带松弛或撕断，极易发生胃扭转。本病发病急，病程短，如不及时治疗，往往以死亡告终。

一、诊断要点

胃扭转一般表现于采食或运动后突然发病，病初患犬频繁呕吐，但多数病例呕吐物很少或没有；时起时卧，时而不停走动，行走时小心谨慎。随着病程进展，很快出现腹部胀满，呼吸困难，结膜发绀，脉搏增数，一般可达 200 次/分以上。腹部叩诊呈鼓音，冲击触诊有震荡感，有时做腹腔触诊能触到充气的肠管。胃穿刺有气体和液体排出，胃导管插入困难，当胃管插入后有大量酸臭味的液体和气体排出，随后腹围变小，呼吸困难减轻，全身症状有所缓解。但有的病例由于伴发贲门扭转，胃管不能插入。

诊断本病的主要依据是，剧烈运动后突然发病，行动拘谨，不安；腹部迅速膨胀，穿刺减压后很快复发；触诊有震荡感和频频做呕吐姿势，但无呕吐物排出。

二、防治措施

确诊为胃扭转的病犬，应立即进行手术，采取全身麻醉，使之侧仰卧，手术切口位于腹中线上，剑状软骨与脐连线的中点即为切口的中央。术部常规处理后，切开皮肤、腹肌和腹膜，切口长约 10 ～ 15cm，充分暴露胃，将其拉至腹外，切开胃壁，将胃内容物排空后常规缝合，然后检查并对胃进行复位。多数情况下，是胃幽门部由右侧转向左侧呈螺旋状扭转，幽门被挤压在肝脏、食道末端和胃底之间，胃大弯与脾脏变为垂直横行，脾脏呈蹄铁状弯曲。有的病例还可能伴发脾扭转（脾折叠、肿大）或内出血（腹腔内有大量血液），这时需进行脾脏的整复或摘除，内出血应进行彻底止血。

在手术前，应进行导胃或胃穿刺，使胃的体积减小，这样有利于手术顺利进行。

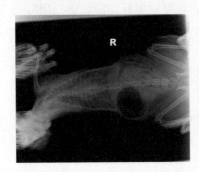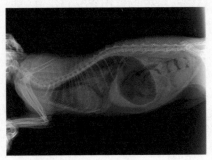

犬胃扭转 X 线诊断图

第二节　巨食道症

巨食道症是指食道扩张并停止蠕动。根据发病原因分为原发性和继发性两种，前者病因不明，后者可继发于神经肌肉性疾病、免疫调节紊乱、激素失调、中毒及炎症等。

一、诊断要点

主要临床症状表现为进食后发生食物反流，有的伴有吞咽疼痛、流涎、反复出现吞咽动作和颈部姿势异常、口臭。患犬逐渐消瘦，当继发异物性肺炎时，出现典型的呼吸系统症状，如湿咳、啰音、呼吸困难等。

　　X 线检查是确诊本病的准确方法。一般放射检查可见颈胸部食道内存留气体、液体和食物，食道钡餐造影可以显示食道的扩张及其他结构异常。

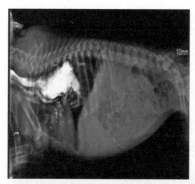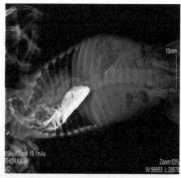

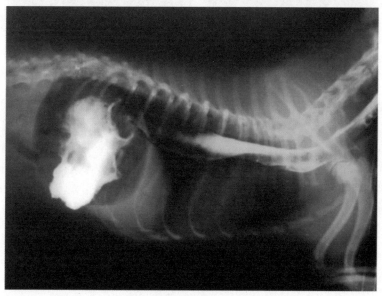

犬巨食道症钡餐检查结果

实验室检查包括血象、全面的生化检查和尿液分析。肌酸激酶可判断肌肉病或肌炎，血清胆固醇含量异常可考虑皮质激素功能紊乱，胆碱能受体异常可诊断为肌无力。

本病应与食道异物、肉芽肿、肿瘤、食道狭窄、食管炎、食管憩室和食道周围肿胀进行鉴别。

二、防治措施

本病尚无有效的措施，一般在及时治疗原发病的同时，巨食道症能够得到相应的缓解。食槽抬高、喂液体食物有助于食物流过食道进入胃内，通常饲喂少量满足体能需要即可。但较硬的饲料刺激食道有助于蠕动，临床上也应给予考虑。患有肺炎的应做抗菌治疗。机能促进药物如西沙比利可试用，0.5mg/kg 体重，口服，每天 2 次。

对于严重病例，可做胃造管术，直接向胃内投放食物保证营养供应，又可减少异物性肺炎的发生。

第三节 肛门腺炎

犬肛门腺是一对梨形腺体，位置在犬的肛门两侧约 4 点钟及 8 点钟的地方，左右各一个，且各有一个开口。肛门腺囊内充满肛门腺液，气味臭不可闻。当犬在排便时，肛门腺的开口随着肛门口打开，排出肛门腺液润滑肛门，使犬能顺利排便，也是犬之间互相辨识的标志。肛门腺炎是肛门囊内腺体分泌物潴留腐败，刺激囊内黏膜引起的炎症。临床上以肛门炎性肿胀、频频做排便姿势和摩擦肛门为特征。严重的患犬肛门两侧破溃，大便带血，后躯有异常臭味。

一、诊断要点

最初的症状是擦肛，呈犬卧姿蹭擦肛门部位，或啃咬肛门部。肛门部变硬、敏感。并发感染时，肛门部红肿、疼痛、拒绝触摸，并有灰色、褐色分泌物，气味难闻。重则肛门皮肤破溃，流出红、褐色液体，并有排粪困难，继发直肠便秘。

二、防治措施

轻症肛门腺炎，可采用挤压方法，手戴手套，在肛门处涂布石蜡油，食指伸入肛门内，拇指在肛外加压可使囊内分泌物排出，然后用生理盐水进行囊内冲洗。再向囊内注入广谱抗菌素，也可向局部及肛门内注入消炎软膏。

已经发生瘘管的难以治疗的慢性病例，应采用手术摘除肛门囊腺的方法。犬取俯卧位保定，尾巴用纱布缠绕固定于背部，术前24小时绝食，彻底清肠。全身麻醉，或术部用2%普鲁卡因2ml注射。肛门周围常规剃毛消毒，避开肛门括约肌做纵行切口，切口长度根据破溃面大小而定，排出局部脓汁及坏死组织，破坏瘘管和窦道，切除肛门囊，并修正成新鲜创，撒布青霉素粉，局部压迫止血，常规缝合。术后局部每日消毒，肌肉或静脉注射抗生素，连续4日。术后喂全流质食物以减少排便，防止伤口污染；经常带犬散步，防止犬坐及用嘴咬患部。

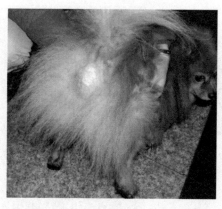

犬肛门腺炎

第四节　腹　水

腹水,又称腹腔积液,即腹腔内蓄积大量浆液性漏出液,不是一种独立疾病,而是许多疾病的一种病症,是一种慢性非炎性疾病,多发于老龄犬和幼犬。

一、诊断要点

腹水可分为心源性、稀血性和淤血（单纯）性三种类型。症状主要表现为腹腔积液,大量腹水使腹下部、侧腹壁向两侧对称性膨起。短毛犬有时像枕垫一样突出于肋骨弓以上,称为垂腹、蛙腹。小型犬下腹部几乎与地面接触。有时脐孔呈半球状突出,两侧上肋部下陷。当腹水充满时,腹部呈桶形。叩诊腹部两侧上界呈水平线浊音,其界限随着病犬姿势改变而移动位置。触诊腹部,产生水的冲击音。呼吸困难时,病犬呈犬坐姿势。由于腹水压迫腹腔器官,而发生便秘、臌气和食欲减退,有时病犬尿失禁。腹腔穿刺液比重为 1.015 以下,蛋白质含量在 1% 以下,李凡他氏试验初期为阴性。

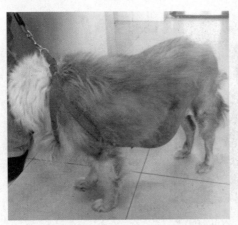

犬腹水

二、防治措施

治疗应消除引起腹水的原发病，例如肝硬化、心力衰竭等，应用利尿剂促进腹水的吸收，犬每10kg体重肌肉注射0.2ml。应用氯化钙每天口服10～20g，连续1～3周，或者在汤料中加入由氯化钙25g、水30g、糖浆250g配成的溶液4～8汤匙。应喂给低盐饲料。

如果犬由于低蛋白血症导致腹水，应喂给生物学价值高的蛋白质饲料，症状可立即好转。呼吸困难的犬要立即腹腔穿刺放水，减轻腹压。

第五章　泌尿生殖系统疾病

第一节　子宫蓄脓

子宫蓄脓是指子宫腔内蓄积脓性或黏液脓性液体，多发于发情、配种后及产后。如得不到及时治疗，病犬会陷入恶病质状态，预后不良。发情后期，生殖激素（黄体酮）紊乱和微生物侵入；不洁交配造成病原微生物侵入或因胚胎死亡后感染所致；也可继发于难产、胎衣不下、子宫内膜炎等疾病；伴发于某些肾脏疾病，如肾结石、肾盂肾炎、慢性弥漫性肾炎等。子宫蓄脓的主要病原菌是大肠杆菌和葡萄球菌、链球菌、克利伯氏菌、沙门氏菌等。

一、诊断要点

开放型子宫蓄脓，病犬精神沉郁，食欲废绝，呕吐，烦渴，弓腰曲背，呻吟，体温升高，阴唇稍肿胀，从阴道内流出大量红褐色、棕黄色或浅灰色脓液。触诊腹部有痛感，子宫角膨胀，穿刺可抽出脓液。

闭锁型子宫蓄脓，全身症状与开放型子宫蓄脓相似，但由于子宫颈不开放，脓汁不能外溢，腹部膨胀较大，脓汁等炎性产物更易被吸收。当发生脓毒血症时，全身症状加剧。

二、防治措施

对于闭锁型子宫蓄脓，肌肉注射己烯雌酚，每次 0.5 毫克，每天 1 次，连用 3 天，以促进子宫颈松弛开放，便于脓汁排出。子宫颈口开放后，为促进脓汁排出，肌肉注射缩宫素 10 单位，每天 1

次，连用 2 ～ 3 天，必要时进行子宫冲洗。

抗菌消炎可肌肉注射或静脉滴注氨苄青霉素钠、头孢菌素、甲硝唑注射液等抗生素，每次 80 万单位，每天 2 次，连用 5 ～ 7 天。子宫内注入妇炎灵胶囊粉（可化入 20ml 温水中）。

施行卵巢子宫全切除术，可以达到根治的目的。

改善饲养管理，积极治疗原发病，对非种用雌犬进行手术绝育。

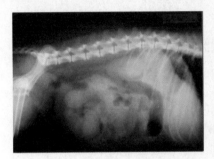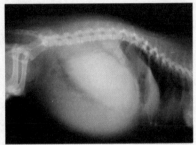

犬子宫蓄脓 X 线检测结果

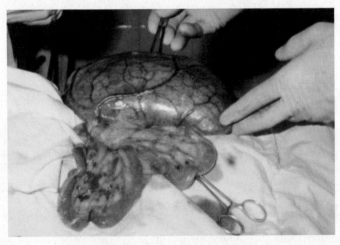

犬单侧子宫蓄脓

第二节　乳腺炎

乳腺炎是母犬乳腺组织的炎症，多发于泌乳期的犬。临床上以乳房肿痛、发硬，体温升高为特征。引起乳腺炎的病因众多，如乳房外伤、过早或突然断奶、产后感染、机体中毒、病原菌如葡萄球菌和链球菌的侵入，假孕或应用激素治疗生殖器官系统疾病而引起的激素平衡失调是诱发因素，某些传染病如布氏杆菌病、结核病等常引起乳腺炎。乳腺炎如及时治疗，预后良好。

一、诊断要点

卡他性乳腺炎：病犬乳房肿大、潮红、发热，乳汁稀薄并含絮状物，泌乳量急剧下降。化脓性乳腺炎：乳汁呈浅黄色或含血液呈黄红色，乳房脓肿破溃后排出灰黑色脓汁，含坏死组织碎片。病犬精神沉郁、食欲废绝，体温可达40℃以上，常弃仔不顾，自舔乳房。

二、防治措施

消炎是治疗本病的关键，一般可选用青霉素、链霉素、氨苄青霉素钠、头孢菌素类药物，以及氧氟沙星、庆大霉素和甲硝唑等，根据体重计算用药剂量，进行注射或内服。在急性炎症得到缓解后，用热水袋或蒸汽等对患病乳房进行热敷及按摩，同时挤出积留的乳汁。按摩和热敷每天2～3次，每次15分钟，可以加强乳房血液及淋巴循环，活化再生过程，恢复乳腺管的通透性，促进乳汁及乳腺炎性物质排出，但乳房脓肿、坏死时忌按摩。对于乳房脓肿，应切开排脓、冲洗并注入青霉素溶液。破溃严重的，在炎症被抑制后进行缝合。

对哺乳期母犬，注意进行乳房清洗，发现被仔犬抓伤处要及时处理；避免突然断奶（如人为使仔犬同一天离开母犬），如母犬乳汁丰沛，断奶后要用大麦芽麸汤饮服或肌肉注射己烯雌酚（每次

0.5mg，每天 1 次，连用 2 ～ 3 天）进行回乳。

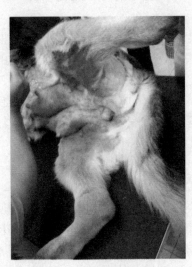

犬急性乳腺炎

第三节　阴道脱出

犬阴道脱出是指犬阴道壁部分或全部脱出于阴门外。临床上以粉红色团块状黏膜组织突出于阴门外为特征。本病多发于发情期或妊娠后期。妊娠后期骨盆腔和阴道、阴门及周围软组织松弛，胎儿增大，腹压升高，导致阴道从阴门脱出。此外，发情期雌激素过多或者病理性雌激素过多，也可导致阴道脱出。根据脱出程度，一般分为阴道壁脱出和阴道全部脱出。

一、诊断要点

部分阴道脱出的患犬，病初卧地时往往可见粉红色阴道组织团块突出于阴门之外，站立时可复原。若脱出时间过久，脱出部分增大，患犬站立后也不能还纳阴道，接触异物而被擦伤，则可引起黏膜出血或糜烂。

阴道全部脱出的患犬，整个阴道翻出于阴门之外，呈红色球状物露出，站立时不能自行还纳。如脱出时间较短，可见黏膜充血；如脱出时间较长，则黏膜发紫、水肿、发热，表面干裂，裂口中有渗出液流出。

二、防治措施

治疗原则是整复、固定。无感染者，直接还纳后，将阴门做荷包缝合，松紧适应防止再次脱出和阻碍排尿。有感染和严重水肿者，应用高渗溶液如 2% 明矾溶液、3% 硼酸溶液、10% 氯化钠溶液等进行揉搓，使水肿减轻便于还纳。荷包缝合一般 2～3 天后拆除，如再次脱出，同样处置。

如果努责严重的，可做阴门周围普鲁卡因青霉素封闭，或者做后海穴普鲁卡因注射，能够减轻努责，防止再次脱出。为预防继发感染，可适当选用抗生素。

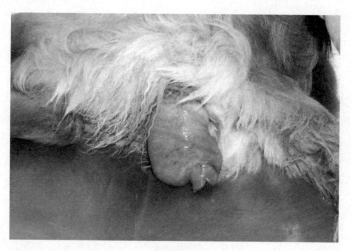

犬阴道脱出

第四节 尿结石

尿结石症是肾结石、输尿管结石、膀胱结石、尿道结石的总称，是尿液中盐类结晶以脱落的上皮细胞等异物为核心形成矿物质凝结物，此凝结物刺激尿路黏膜，从而引起出血、炎症甚至阻塞的一种泌尿系统疾病。尿结石是指尿液中呈溶解状态的盐类物质析出的结晶。临床上，由于结石的大小不同、阻塞部位不同，临床症状也不相同，临床上以腹痛、排尿障碍和血尿为特征。

一、诊断要点

刺激症状：患犬排尿困难，频频做排尿姿势，拱背，缩腹，努责，线状或点滴状排出混有脓汁、血凝块的红色尿液。

阻塞症状：当结石阻塞尿路时，患犬排出的尿流变细或无尿排出而发生尿潴留。因阻塞部位和阻塞程度不同，其临床症状也有一定差异。

结石位于肾盂时，多呈肾盂肾炎症状，有血尿。阻塞严重时，有肾盂积水，患犬肾区疼痛，运步强拘，步态紧张。当结石移行至输尿管并发生阻塞时，患犬腹痛剧烈。膀胱结石时，可出现疼痛性尿频，排尿时呻吟，腹壁抽缩。尿道结石，当尿道不完全阻塞时，病畜排尿痛苦且排尿时间延长，尿液呈滴状或线状流出，有时有血尿。当尿道完全被阻塞时，则出现尿闭或肾性腹痛现象，频频做排尿动作但无尿排出。尿路探诊可触及尿石所在部位，尿道外部触诊，病犬有疼痛感。若长期尿闭，可引起尿毒症或发生膀胱破裂。

根据X线检查和超声检查的影像，可确诊。

二、防治措施

本病的治疗原则是去除结石，控制感染，对症治疗。常用方法如下：

（1）中医药治疗。中医称尿路结石为"砂石淋"。根据"清热利湿，通淋排石，病久者肾虚并兼顾扶正"的原则，一般多用排石汤（石苇汤）加减海金沙、鸡内金、石苇、海浮石、滑石、瞿麦、萹蓄、车前子、泽泻、生白术等。

（2）水冲洗。导尿管消毒，涂擦润滑剂，缓慢插入尿道或膀胱，注入消毒液体，反复冲洗，适用于粉末状或沙粒状尿石。

（3）尿道肌肉松弛剂。为减轻疼痛和松弛平滑肌，可选用2.5%的氯丙嗪溶液、黄体酮注射液等。

（4）手术治疗。尿石阻塞在膀胱或尿道的病例，可实施手术切开，将尿石取出。另外，也可用膀胱插管缓缓地插入膀胱，缓解膀胱的紧张度，并保留数天，待全身状态有所改善后取出插管，切开尿道，取出结石。

结石导尿

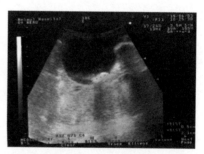

膀胱结石 B 超检测结果

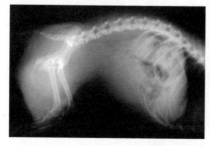

犬尿道结石 X 线诊断

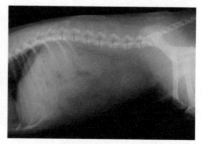

犬肾结石 X 线诊断

此外，也可试用利尿药，如利尿素、醋酸钾等药物，通过促进排尿，预防尿结石形成和促进尿结石排出。

　　尿道消毒可用乌洛托品等；防止和控制细菌感染可选用抗生素，如头孢类、青霉素类、呋喃类药物等；如出血不止可肌肉注射安络血；大量饮水，以增加尿量，降低尿液内盐类浓度，减少沉淀机会。

第六章　营养代谢病

第一节　佝偻病

佝偻病是由维生素 D 不足或缺乏引起的钙、磷代谢紊乱而导致骨营养不良的一种营养代谢病。食物中钙、磷不足或钙、磷比例失调是导致佝偻病发病的重要原因之一。

一、诊断要点

（1）发病特点：处于生长发育时期的幼犬以及妊娠、哺乳期的犬对钙的需求量较大，钙补充量不足时，可能发生钙缺乏。日粮中钙、磷含量充足时，维生素 D 摄入不足或长期光照不足也影响钙的吸收，导致该病的发生。

（2）主要症状：病初弓腰，发育迟缓，步态不稳，跛行；病情逐渐发展为关节肿胀，前肢腕关节变形，骨骺增大；四肢变形呈"X"形或"O"形；病犬喜卧，食欲减退，异嗜。体温、脉搏一般无明显变化。缺钙时，还常伴有甲状腺功能亢进。

二、防治措施

（1）预防：加强饲养管理，给予营养全面的饲粮，保证犬有充足的日照，有助于体内维生素 D 的合成，以及钙、磷的吸收。在日常生活中，可以在饲粮中给予骨粉、石粉、壳粉、动物内脏、鱼肝油等保证一定比例的钙、磷及维生素 D，但注意防止维生素 D 过量。

（2）治疗：维丁胶性钙注射液，肌肉注射 0.1mg/kg，每天 1

次，连用 1 周。可口服碳酸钙或乳酸钙，肌肉或皮下注射维生素 D_2 胶性钙注射液；严重的可静脉注射 10% 氯化钙或 10% 葡萄糖酸钙液，注射速度不能太快。

 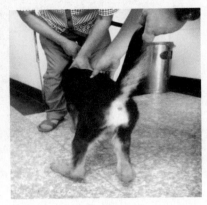

患犬后肢关节发生变形

第二节 低血糖

犬低血糖症是一种血糖浓度降低到一定程度而发生的急性代谢性疾病。

一、诊断要点

（1）发病特点：幼犬低血糖多由饲喂不及时、活动量大、能量消耗大而导致饥饿、营养不良而引起。母犬产仔过多，大量泌乳造成营养需要量增加，而此时肾上腺皮质机能减退、脑垂体机能不全导致营养吸收紊乱，从而引起低血糖症。

（2）主要症状：幼犬及小型犬发病初期精神沉郁、体温下降、全身发凉、少动、不能站立，运动共济失调，呼吸深、慢，有些犬出现腹泻、呕吐、瞳孔放大、反射机能消失、颜面肌肉抽搐，可见全身出现阵发性痉挛，很快陷入昏迷状态。哺乳母犬低血糖初期精神不振、全身无力、步态强拘、表情冷漠、反射机能亢进、呼吸急促、心跳加快、黏膜苍白、全身强直性或间歇性抽搐、身上散发异味、尿液呈丙酮味，后期多因体温下降而昏迷。

二、防治措施

（1）预防：进行科学的饲养管理，必须给予易消化、营养丰富的食物，给予葡萄糖、钙以及维生素 D。对于幼犬，要在日常生活中防止受凉、饥饿，每天多餐。

（2）治疗：对于发病的幼犬，尽量对其静脉注射 10% 葡萄糖 10ml/kg，滴数控制在 30 滴 / 分钟以内。可以舔食的犬可服用多维葡萄糖粉。对于哺乳期的母犬，必须保证葡萄糖、钙及维生素 D 的添加，可静脉注射 25% 葡萄糖 1.5ml/kg，同时口服葡萄糖 250mg/kg。

第三节　低血钙

犬低血钙症，是指母犬孕期血钙浓度低于正常值，又称产后瘫痪或犬乳热症。低血钙症通常由母犬吸收的钙量减少或本身缺钙所致。另外，母犬分娩后大量泌乳，大量的钙进入乳汁，此时饲料中钙补充量不足，引起母犬的血钙浓度降低。

一、诊断要点

急性病犬全身震颤，呼吸急促，嘴角流涎，体温高达 40.5℃ 以上；可视黏膜强度发绀，心肌亢进，脉搏增数，全身肌肉痉挛，步态蹒跚，个别无法自行走动。慢性病犬后肢乏力，步态不稳，流涎，张口呼吸，食欲不振，有些伴有呕吐、腹泻等症状。

二、防治措施

（1）预防：进行标准日粮的饲喂，注意钙、磷和维生素 D 的补充。对于怀孕后期及产后的母犬，在饲料中增加钙和维生素 D

的含量。加强运动，保证充足的日晒，以促进维生素 D 及钙、磷的吸收。

（2）治疗：以紧急补钙为主，并采取抗痉挛、镇静、解热结合补糖对症治疗，同时适当使用抗生素防止并发感染。对患犬进行缓慢静脉注射，用 10% 葡萄糖酸钙溶液或 10% 硼酸葡萄糖酸钙溶液 0.5 ～ 1 ml/kg 体重，加入 100 ml 5% 葡萄糖溶液中，1 次 / 天，连用 3 ～ 5 天。病情缓解后，可每天内服乳酸钙或碳酸钙或葡萄糖酸钙片 0.5 ～ 1.0g/ 次、鱼肝油 5 ～ 10 ml/ 次，连用 3 ～ 4 周。

犬低血钙性痉挛

第四节　糖尿病

糖尿病是由于胰岛素相对或绝对缺乏，使糖代谢发生紊乱的一种内分泌疾病，可分为自发性糖尿病和继发性糖尿病。自发性糖尿病可能由以下几种因素引起，如遗传因素、胰腺损伤、激素分泌异常、靶细胞感应性下降及环境因素。而继发性糖尿病是指已知原因造成胰岛内分泌功能不足所致的糖尿病，多见于急性和复发性腺泡坏死性胰腺所导致的胰岛细胞破坏和淀粉样病变。犬在发情期间和怀孕期间由于对胰岛素的敏感性下降，黄体酮升高，可能继发糖尿病。

一、诊断要点

根据典型的糖尿病症状多尿、多饮、多食和"三多一少"症状，可初步诊断为糖尿病。此外，患犬尿液有丙酮味。临床表现和尿液分析，葡萄糖和丙酮均为阳性，可确诊为糖尿病。

二、防治措施

（1）预防：控制饮食，不宜长期采食高糖、高脂、高维及高能量的食物。增加犬的运动量，减少多余的脂肪沉积。

（2）治疗：可选用胰岛素或其他类型的降糖药，胰岛素根据作用时间分为短效胰岛素、中效胰岛素、长效胰岛素。吡磺环戊脲按体重 0.25 ～ 0.5 mg/kg，每天两次；优降糖按体重 0.2mg/kg，每天一次。静脉注射生理盐水 500ml，加入氯化钠 2ml、5% 碳酸氢钠溶液 20ml，补充体液，纠正酸碱平衡。

第七章　体表疾病

第一节　脓　肿

脓肿是急性、慢性感染过程中，组织、器官或体腔内因病变组织坏死、液化而出现的局限性脓液积聚，四周有一完整的脓壁。常见的致病菌为黄色葡萄球菌，可发生在机体各个部位的任何组织和器官。脓肿可原发于急性化脓性感染，如局部的刺伤、咬伤、蜂窝织炎以及各种外伤，或由远处原发感染源的致病菌经血流、淋巴管转移而来，也有见于刺激性的药物，如10%氯化钙、10%氯化钠等，在注射时误漏于皮下而形成无菌的皮下脓肿。脓肿的形成往往是由于炎症组织在细菌产生的毒素或酶的作用下，发生坏死、溶解，形成脓腔，腔内的渗出物、坏死组织、脓细胞和细菌等共同组成脓液。由于脓液中的纤维蛋白形成网状支架才使得病变限制于局部，另脓腔周围充血水肿和白细胞浸润，最终形成肉芽组织增生为主的脓腔壁。脓肿由于其位置不同，可出现不同的临床表现。本病往往可以通过对病史的了解、临床检查和必要的辅助检查，得到确诊。

一、诊断要点

体表组织的脓肿临床症状基本相似。初期，局部肿胀、温度增高，触摸时有痛感，稍坚固，以后逐渐增大变软，有波动感。脓肿成熟时，皮肤变薄，局部被毛脱落，有少量渗出液，不久脓肿破损，流出黄白色、黏稠的脓汁。在脓肿形成时，有的可引起体温升高等全身症状；待脓肿破溃后，体温很快恢复正常。脓肿如处理及时，可很快恢复正常；如处理不及时或不适当，有时能形成经久不愈的瘘管，有的病例甚至引起脓毒败血症而死亡。

发生于深层肌肉、肌间及内脏的深在性脓肿，因部位深而波动不明显，但其表层组织常有水肿现象，局部有压痛，全身症状明显且有相应器官的功能障碍。压痛明显部位穿刺可有脓汁吸出，也可做超声检查。

二、防治措施

对初期硬固性肿胀，可涂敷复方醋酸铅散、鱼石脂软膏等，或以 0.5% 盐酸普鲁卡因 20 ～ 30ml、青霉素 G40 ～ 80 万单位进行病灶周围的封闭，以促进炎症消退。

脓肿出现波动时，应及时切开排脓，冲洗脓肿腔，安装引流或进行开放疗法。

脓肿的切开。浅部脓肿做引流切开时，切口应选在波动明显处，切口要够长，并选择低位，以利引流。深部脓肿切开前应先做局部浸润麻醉，再行穿刺定位，然后逐层切开、排脓、清洗。用粗穿刺针穿刺抽得脓液，确定脓肿壁的厚度，留针作为脓肿切开的指示。用刀在脓肿壁上切一小口，再用止血钳分进脓腔。注意操作要轻柔，除切口外，尽量不要弄破脓肿壁，以免感染蔓延。

脓汁的排出与冲洗。切开脓肿后，任脓汁自行流出或者吸出，用生理盐水进行冲洗后，可再用双氧水进行冲洗，然后再用生理盐水冲洗。

防治引流管。根据脓腔大小，扩大脓肿壁切口，以通畅引流。然后在脓腔内放引流纱布条（可用利凡诺或鱼肝油红汞浸泡）或胶皮管引流。引流管外端穿夹别针，防止滑入脓腔。如渗血较多，可用凡士林纱布，或将纱布浸肾上腺素适量堵塞脓腔止血，另一端留在体外。深部脓肿最后需逐层缝合切口，在引流处不要缝合过紧，以免阻碍引流。在术后第二天开始于换药时将引流条逐步松动向外拔出一小段，并予剪除。随脓液减少，可拔出引流条，或更换凡士林纱布条引流。如果引流不畅，即分泌物少而症状不缓解，应在换药时戴上消毒手套探查脓腔，分开纤维间隔或重新扩大引流。

此外，应全身使用抗生素，及时对症治疗。

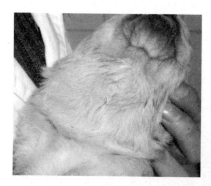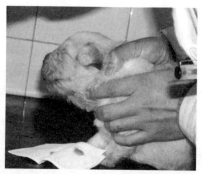

犬下颌脓肿

第二节　淋巴外渗

淋巴外渗是在钝性外力作用下，由于淋巴管断裂，致使淋巴液聚积于组织内的一种非开放性损伤。其原因是钝性外力作用于犬体上，致使皮肤或筋膜与其下部组织发生分离，淋巴管发生断裂，甚至伴有血管断裂。淋巴外渗常发生于淋巴管较丰富的皮下结缔组织，而筋膜下或肌间则较少。临床上根据有无血液，分为单纯性淋巴外渗和血性淋巴外渗。犬常发生于耳部、颌下、颈部、肩前、背部及股内侧部等。

一、诊断要点

淋巴外渗在临床上发生缓慢，一般于伤后 1 ～ 4 天出现肿胀，并逐渐增大，有明显的界线，呈典型的波动感，皮肤不紧张，炎症反应轻微。穿刺液为橙黄色稍透明的液体，或由于混有血液，呈不同程度的红色。时间较久，析出纤维素块，如囊壁有结缔组织增生，则呈明显的坚实感。

二、防治措施

治疗原则是制止淋巴液外渗，促进淋巴液吸收或排出，对症治疗。

较小的淋巴外渗可不必切开，于波动明显部位用注射器抽出淋巴液，然后注入95%酒精或酒精福尔马林液（95%酒精100ml，福尔马林1ml，5%碘酊3～5滴，混合备用），停留30～90秒后，将其抽出，以期淋巴液凝固堵塞淋巴管断端，而达制止淋巴液流出的目的。应用一次无效时，可行第二次注入。

较大的淋巴外渗，可行切开，排出淋巴液及纤维素，用酒精福尔马林液冲洗，并将浸有上述药液的纱布填塞于腔内，做假缝合。当淋巴管完全闭塞后，可按创伤治疗。

轻症的淋巴外渗，一般不需要使用抗生素，尽量使犬保持安静，促进淋巴管断端愈合。较大的淋巴外渗，治疗时应配合抗生素治疗，如注射青霉素、氨苄西林钠、庆大霉素、卡那霉素或头孢类药物。

犬颈部有一较大的囊状物为淋巴外渗

治疗时应当注意，长时间冷敷可使皮肤发生坏死；温热、刺激剂和按摩疗法，均可促进淋巴液流出和破坏已形成的淋巴栓塞，都不宜使用。

第三节 血 肿

血肿是由于各种外力作用，导致血管破裂，溢出的血液蓄积在组织内，形成充满血液的腔洞。血肿常见于软组织非开放性损伤，但骨折、刺创、火器创也可形成血肿。此外，由于凝血不良或血管疾病，也可引起血肿。血肿可发生于皮下、筋膜下、肌间、骨膜下及浆膜下。根据损伤的血管不同，血肿分为动脉性血肿、静脉性血肿和混合性血肿。犬血肿可发生在耳部、颈部、胸前和腹部等。

血肿形成的速度、大小决定于受伤血管的种类、粗细和周围组织性状，一般均呈局限性肿胀，且能自然止血。较大的动脉断裂时，血液沿筋膜下或肌间浸润，形成弥漫性血肿。较小的血肿，由于血液凝固而缩小，其血清部分被组织吸收，凝血块在蛋白分解酶的作用下软化、溶解和被组织逐渐吸收。其后由于周围肉芽组织的新生，使血肿腔结缔组织化。较大的血肿周围可形成较厚的结缔组织囊壁，其中央仍贮存未凝的血液，时间较久则变为褐色甚至无色。

一、诊断要点

血肿的临床特点是肿胀迅速增大，肿胀呈明显的波动感或饱满有弹性。4～5天后肿胀周围坚实，并有捻发音，中央部有波动，局部增温。穿刺时，可排出血液。有时可见局部淋巴结肿大和体温升高等全身症状。

血肿感染可形成脓肿，因此需要与脓肿、疝、淋巴外渗等进行鉴别诊断。

二、防治措施

治疗原则是止血、排除积血和防止感染。

止血是血肿治疗的关键。外伤引起的血肿，如果刚发生，且肿胀不是很严重的，可于患部涂碘酊，用压迫绷带进行止血。如果判断是较大血管破裂引起的血肿，应及时切开血肿，进行血管结扎止血。如果血肿是由血液病、血管疾病等引起的，应积极治疗原发病。

排除积血。一般压迫止血4～5天后，再穿刺或切开血肿，排除积血或凝血块和挫灭组织。如发现继续出血，可行结扎止血，清理创腔后，再行缝合创口或开放治疗。如果找不到大血管，呈弥漫性出血，可用涂抹凡士林的灭菌纱布填充止血，或将纱布浸润肾上腺素后进行填充止血。

防止感染。可注射抗生素如青霉素、链霉素合用，也可用头孢类药物如头孢唑林钠、头孢噻肟等，还可局部进行抗生素封闭治疗。

古典牧羊犬下颌血肿

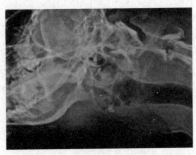

古典牧羊犬下颌血肿 X 线诊断

第四节　疝

疝又称赫尔尼亚，是腹部的内脏从自然孔道或病理性破裂孔脱至皮下或其他解剖腔的一种常见病。疝由疝孔（疝轮）、疝囊和疝内容物组成。疝内容物为通过疝孔脱出到疝囊内的一些可移动的内脏器官，常见的有小肠肠襻、网膜，也见于子宫、膀胱等。疝分为先天性和后天性两类，先天性疝多发生于初生仔犬，如脐孔、腹股沟环的扩大；后天性疝则见于各种年龄的犬，常因机械性外伤、腹压增大等原因而发生。根据疝内容物的活动性又分为可复性疝与不可复性疝，前者当犬体位改变或压迫疝囊时，疝内容物可通过疝孔而还纳到腹腔；后者是即使用压迫方法，疝内容物仍不能回到腹腔内，因此也称为不可复性疝或嵌闭疝。常见的有脐疝、腹股沟阴囊疝、腹壁疝、会阴疝等。

一、诊断要点

疝的诊断在临床上并不困难。除腹壁疝外，其他各种疝如脐疝、腹股沟阴囊疝、会阴疝等的发病处都有其固定的解剖部位。可复性疝除局部隆起、挤压隆起部可触摸到疝口、隆起消失等外，缺少全身症状。不可复性疝一般隆起局部较硬、发热，同时伴有腹痛、排粪排尿障碍，或发生臌气等。因此在诊断时应注意了解病史，并从全身性、局部性症状中加以分析，并要注意与血肿、脓肿、淋巴外渗、蜂窝织炎、精索静脉肿、阴囊积水及肿瘤等做鉴别诊断。

二、防治措施

治疗分为保守性治疗和手术治疗。

保守性治疗分为外固定法和刺激剂治疗法，主要适用于疝口较小、年龄较小的疝。外固定法可用一大于疝口的外包纱布的橡胶抵住疝口，然后用绷带加以固定防止移动。有资料报道，若同时配合疝轮四周分点注射 10% 氯化钠溶液，效果更佳。刺激剂疗法可选用强刺激剂如赤色碘化汞软膏、重铬酸钾软膏、碘液或 95% 酒精等，促使局部炎性增生闭合疝口。但强刺激剂常能使炎症扩展至疝囊壁以及其中的肠管，引起粘连性腹膜炎。

手术治疗，具体术式应根据疝的发生部位进行选择。一般的手术过程是术前禁食，按常规无菌技术施行手术。多采用全身麻醉，或同时使用局部浸润麻醉，仰卧保定或半仰卧保定，皱襞切开疝囊皮肤、疝囊壁，检查疝内容物状态。若无粘连和坏死，可将疝内容物直接还纳腹腔内，粘连的肠管需剥离；若有坏死，需行部分切除术，还纳腹腔后缝合疝轮。可做荷包缝合或纽孔状缝合，为有利于疝口愈合，缝合前需将疝轮光滑面做轻微切割，疝轮变厚变硬的要切割疝轮，形成新鲜创面，进行纽孔状缝合。闭合疝轮后，分离囊壁形成左右两个纤维组织瓣，将一侧纤维组织瓣固定在对侧疝轮外缘上，修整皮肤创缘，做结节缝合。

腹股沟疝

犬脐疝　　　　　　　　　　　疝

第五节 黏液囊炎

黏液囊是指在皮肤、筋膜、韧带、腱、肌肉与骨、软骨突起的部位之间，为了减少摩擦而形成的一种囊状结构。黏液囊有先天性和后天性两种。后天性黏液囊是由于摩擦而使组织分离形成裂隙所成。黏液囊的形状和大小各异，与所在部位的活动范围、疏松结缔组织的紧张性和状态有关。黏液囊壁分两层，内被一层间皮细胞，外由结缔组织包围。黏液囊炎的形成与受压迫程度，以及新形成液体（淋巴、渗出液）的数量和性质有关。临床上多发于肘部、腕部等。

一、诊断要点

患部肿胀，界线明显。初期触诊温热，生面团样，或有痛感。后期膨大，较为坚实。有的有波动感，皮肤松弛形成皱襞。破溃时流出带血的渗出液。本病一般没有跛行。

二、防治措施

病的初期，可进行冷敷。液体较多时，穿刺放液后囊内注射可的松、2%～3%的盐酸普鲁卡因注射液或复方碘溶液，并进行适当的压迫。慢性过程可多次搓擦松节油或四三一合剂等轻刺激剂，促使炎症的消散。若已成为化脓性黏液囊炎，可在外下位切开、排脓，用复方碘溶液涂擦囊内壁，肌肉或静脉注射抗菌素。

当黏液囊炎呈慢性增大、坚实时，可实行手术摘除。患犬全身麻醉，局部常规处理后，沿肢体长轴在肿大部的外后侧做纵行切口。切开皮肤后，即从周围组织剥离出整个增大的黏液囊。处理创腔，结节缝合手术创口，做纽扣减张缝合后，安装引流。注意手术后的护理和治疗。

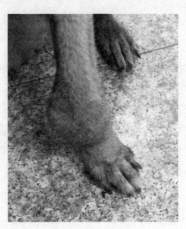

犬黏液囊炎

第六节　常见体表局部肿胀

体表常见肿物包括脓肿、血肿、淋巴外渗、疝、肿瘤、炎性肿胀，以及淋巴结疾病、肛周腺炎、黏液囊炎等，在临床上应进行鉴别诊断。

体表肿物，临床上可根据肿物的发生部位、硬度、有无波动感、敏感性、病程，以及表面状态等进行鉴别。

触诊柔软、无热痛的一般可考虑淋巴外渗、疝、黏液囊炎等。如发生在肘头、腕前，多考虑黏液囊炎。黏液囊炎常见的有肘头皮下黏液囊炎、腕前皮下黏液囊炎。有时也可考虑脓肿、血肿。疝主要发生在腹壁、腹下、腹股沟、会阴部等，揉压柔软隆起可将内容物还纳腹腔，可触摸到疝轮。

触诊有波动感的，一般考虑淋巴外渗、血肿、脓肿、肛周腺炎、化脓性淋巴结炎和黏液囊炎。其中黏液囊炎多发于关节处，根据病史和临床症状，较易确诊。肛周腺炎发生于特定的部位，位于肛门周围，有特定的病史和临床表现，挤压可从肛门流出带有臭味的污秽液体。而淋巴外渗、血肿和脓肿的确诊，一般需要做穿刺检查，根据穿刺液的性质可以做出准确的诊断。

触诊无波动感的，一般考虑慢性炎性肿胀、肿瘤、脂肪瘤、嵌闭性疝、淋巴结肿胀等。界线不清的，可考虑慢性炎性肿胀、浸润性肿瘤和嵌闭性疝，可通过治疗性诊断或穿刺进行鉴别；界线明显的可考虑脂肪瘤、淋巴结肿胀、良性肿瘤等。一般脂肪瘤和良性肿瘤发展缓慢、病程长、发病位置不定，而淋巴结肿胀多病程较短，发生在特定的解剖位置。

第七节　常见脱毛症

脱毛泛指犬机体局部或全身的被毛缺损，常见于各种皮肤损伤和创伤。患脱毛症的犬，在脱毛的同时皮肤伴有或不伴有特殊的病变。临床上脱毛可能是局灶性的，也可能是全身性的；既可是不规则性的，也可呈对称性发生。

一、脱毛的病因分类

（1）感染性脱毛。由于病毒、细菌、真菌作用于皮肤或被毛引起的脱毛，多见于皮肤感染后疤痕、真菌病、嗜皮菌病等疾病。

（2）寄生虫性脱毛。寄生虫侵袭皮肤致发的脱毛，多见于螨虫病、虱病、蚤病等疾病。

（3）中毒性脱毛。毒物或毒素作用所致发的脱毛，常见于硒中毒、钼中毒等疾病。

（4）理化性脱毛。多是由于温热和酸碱刺激致发的脱毛，常见于烧伤、冻伤和强酸与强碱的腐蚀等疾病。

（5）内分泌性脱毛。临床上见于甲状腺机能减退、肾上腺皮质增多症等疾病。

（6）营养性脱毛。某种营养物质缺乏致发的脱毛，临床上多见于碘缺乏症、铜缺乏症、锌缺乏症等疾病。

（7）变态反应性脱毛。常见于湿疹、丘疹性皮炎等疾病。

二、脱毛的鉴别诊断思路

临床诊断上遇见脱毛的病例，首先要确定脱毛的病理类型，是单纯性脱毛还是皮损性脱毛。对伴有皮肤痒感的，主要考虑真菌性、寄生虫性、变态反应性和理化性脱毛等。对于伴有全身症状的，不应局限于表被系统疾病进行判断，应将脱毛作为全身性疾病的一个分症，结合病史和特殊检查检验结果进行确诊。

寄生虫性脱毛，可根据痒感、皮损和寄生虫虫体或／和虫卵的检查确诊。

感染性脱毛，具有群发性和传播性的，除单纯性真菌病外，一般均伴有原发病的全身症状，可结合疾病的特征性症状、病史、流行病学和病原学检查进行确诊。真菌性皮炎，可直接通过显微镜观察皮屑或被毛的真菌，即可确诊。感染后疤痕性脱毛，可依据病史，如注射后感染、外伤后感染等病史进行诊断。

理化性脱毛，一般通过病史调查，根据是否有烫伤、冻伤、强酸强碱腐蚀的病史确诊。

营养性和中毒性脱毛，一般不伴有痒感，多呈群发性、渐进性，可根据病史、临床特征，并结合流行病学与实验室检验结果进行疾病的确诊。

内分泌性脱毛，临床上多表现出对称性脱毛，伴有轻微皮损或不伴皮损，根据全身症状，并结合激素水平的测试结果可进行确诊。

第八节　真　菌

真菌广泛存在于自然界，真菌性皮肤病主要为小孢子菌、石膏样小孢子菌和须毛癣菌感染。它们常污染垫褥、灰尘、饲料、饮水等，经呼吸道、消化道以及外伤进入犬体而发病，侵害部位为呼吸道、消化道、神经系统与皮肤等。病变主要是肉芽肿、坏死、脓肿、溃疡、瘘管及形成结节等。它们主要侵害肺，有时可散播至其他器官（主要是脑）。

一、诊断要点

（1）发病特点：真菌病是一种慢性病，发生和流行主要受季节、气候、年龄、营养状况等因素影响，外界适宜的湿度和温暖易使真菌繁殖。带有真菌的尘土经呼吸道吸入后可导致发生本病，伤口直接接触病菌亦可感染。

（2）主要症状：体表皮肤感染真菌时，常以皮炎、皮疹为特征，最常见的是皮癣，表现局部瘙痒、脱毛、皮屑增多，有时湿润等。若真菌深部感染即真菌被吸入肺内发病时，则主要以干咳、哮喘等肺炎、支气管炎症状为临床表现，还可扩散到其他器官如食道、肠道、膀胱、肾等处而引起相应器官的病变及症状，严重时可引起败血症。隐球菌感染除可出现上述器官组织病变外，还可导致亚急性或慢性脑炎，并致死亡。在临床中，对久治不愈的支气管炎、肺炎以及脑膜炎症状的病犬都应考虑真菌感染的可能。取痰液或分泌物做镜检，发现孢子或菌丝即可确诊。对脑炎症状而疑为真菌所致时，可抽取脊髓液经离心做镜检确诊。

二、防治措施

（1）预防：真菌对外界因素，尤其对干燥环境抵抗力很强，在日光照射或零度以下环境中可生存数月之久。因此，在对病犬进行治疗的同时，对其痰液、粪便、呕吐物、尿液等须认真处理，防止带入尘土中而扩散感染。对病犬尸体应焚烧。平时注意犬床及犬舍的卫生、消毒，防止真菌繁殖。

（2）治疗：真菌对常用的抗菌素均不敏感。

外用药物疗法。先洗去皮屑和痂皮，清整脱落和断裂的被毛，然后涂抹下列某种药剂：克霉唑软膏、复方水杨酸软膏、咪康唑软膏或十一稀酸软膏，也可应用其他有效的成药，如癣净等。每天 1 ～ 2 次，直至彻底痊愈为止。交替使用两种软膏往往更好。体表感染时可涂擦皮特芬喷剂、克霉唑软膏。

体内感染时可用下列药物治疗。两性霉素 B，第一次按 0.1mg/kg 体重加入 5% 葡萄糖液中静脉滴注（粉针剂忌用生理盐水稀释），无不良反应时可增大剂量到 1mg/kg 体重，隔天 1 次。最大累加剂量不得超过 8mg/kg 体重。本药可能有副作用，如病犬发抖、呕吐、腹泻、低血钾和肾损伤等。

犬真菌性皮肤病

第九节　甲状腺功能减退症

本病是由于甲状腺素合成或分泌不足，而导致全部细胞的活性与功能降低的疾病。临床上以黏液性水肿、嗜眠、畏寒、性欲减退、皮肤被毛异常为特征。本病临床上分为先天性甲状腺功能减退和后天性甲状腺功能减退。

一、诊断要点

（1）主要症状。先天性病犬主要表现呆小，四肢短，皮肤干燥，体温降低；后天性病犬，精神沉郁，嗜眠，畏寒，运动易疲劳。皮肤呈两侧对称性无瘙痒的脱毛，患部由颈部、背部、鼻梁、胸侧、腹侧、耳廓及尾部等处开始，逐渐扩展到全身。皮肤光滑干燥，触之有冷感，有的脱屑增加，而转为脂溢性病变，并有轻度瘙痒。

黏液水肿发生于重度甲状腺功能减退者，持续时间长时，面部和头部皮肤形成皱纹，触之有肥厚感和捻粉样，但无指压痕。

雌犬发情期延长，发情减退或停止；公犬的性欲和精子活力降低。

病犬脂肪代谢降低，高胆固醇血症。重症持续时间长的犬，可见动脉硬化症，心肌出血和缺血性坏死。交替出现便秘和腹泻，尚可见关节痛、关节腔积液、肌肉疼痛。偶有轻度再生障碍性贫血。

（2）实验室检查。放射免疫测定 T4（正常值 1.5 ～ 4.0μg/100ml）和 T3（正常值 0.1 ～ 0.2μg/100ml）均降低。血清碘测定：血清蛋白结合碘降低为 1.0 ± 0.5μg/100ml（正常值为 2.4 ± 0.6μg/100ml），血清碘降低为 3.3 ± 2.2μg/100ml 以下（正常值为 7.8 ± 3.4μg/100ml）。血清胆固醇上升达 300 ～ 800ng/100ml。红细胞和血红蛋白减少。基础代谢率降低，常在 3.5% 左右。

心电图检查显示低电压，窦性心动过缓，T 波低平或倒置。

二、防治措施

内服甲状腺制剂三碘甲状腺原氨酸 10 ～ 15mg，每天早晨 1 次，2 ～ 3 周后可明显好转。临床上有明显的心脏疾病和代谢迅速增强的要给半量。注意防止副作用。甲状腺制剂的中毒症状为心悸、轻度腹泻、体重减轻、不安。对症疗法多用铁剂、叶酸、维生素 B_{12} 等。

第十节　肾上腺皮质功能亢进症

肾上腺皮质功能亢进又称库欣综合征，主要包括垂体依赖性（ACTH 分泌增多性）、肾上腺依赖性（功能性肾上腺瘤）和医源性（过量使用糖皮质激素引起）。垂体依赖性是临床病例的主要病因，约占 80% ～ 85%，其中约 90% 是由垂体瘤引起；肾上腺依赖性约占 15% ～ 20%，一般多为单侧性，有腺癌和腺瘤之分；医源性多见于长期过量使用糖皮质激素。

一、诊断要点

多为渐进性发病，呈现多饮、多尿、多食和腹部下垂，倦怠、喘和嗜睡，典型症状是对称性脱毛。垂体瘤经 CT 或核磁共振检查可以发现；功能性肾上腺瘤腹部超声一般可发现，患侧肾上腺显著增大，而对侧多呈萎缩回声影像；医源性通过询问病史一般即可做出诊断。

临床病理学检查包括血常规和血液生化、尿常规和尿细菌培养，可查出 APL 升高。如果血液中无 APL，则可排除肾上腺皮质功能亢进。在不限制饮水的情况下，尿密度一般小于 1.015，确诊本病需做 ACTH 刺激试验、低剂量地塞米松抑制试验和高剂量地塞米松抑制试验。

二、防治措施

临床上常用的药物有米托坦、曲洛司坦、酮康唑和 L- 司来吉兰等，如米托坦诱导期剂量为 25 ～ 50mg/kg，每天分两次内服，维持期每周 50mg/kg，分成 3 ～ 4 份隔天服用，可减少副作用。L- 司来吉兰推荐剂量是 1mg/kg，每天 4 次，治疗两个月后若无效可加倍剂量。酮康唑推荐剂量为 5mg/kg，每天 2 次，一周后患犬无食欲减退和黄疸出现，剂量可增加到 10mg/kg。治疗期间不停药，可根据具体临床症状调整用药剂量。曲洛司坦用量根据体重，小于 5kg、5 ～ 20kg、20 ～ 40kg、40 ～ 60kg 推荐剂量分别为 30mg、60mg、120mg、180mg，每天 1 次内服。

此外，也可采用手术疗法或放疗。

第十一节　母犬的卵巢囊肿

母犬卵巢囊肿包括卵泡囊肿和黄体囊肿，临床上常表现出对称性脱毛。

一、诊断要点

卵泡囊肿是由于卵泡不破，使促卵泡素增多，雌激素含量高。母犬表现为持续发情、性欲亢进、阴门红肿，有时有血样分泌物，常爬跨其他犬、玩具或者人的裤腿等处，但是拒绝交配。躯干背部慢性对称性脱毛，皮肤增厚，皮肤色素过度沉着。

发生黄体囊肿时，促黄体素增多，使黄体酮含量上升。母犬表现为长期不发情，对称性脱毛，皮肤增厚，皮肤色素过度沉着。

超声检查可明确卵巢囊肿。

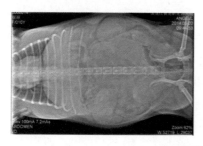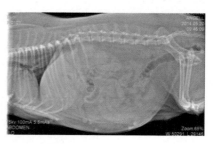

犬卵巢囊肿 X 线诊断

二、防治措施

卵泡囊肿的母犬可以肌肉注射促黄体激素 20 ～ 50μg，一周后不见效则再次注射并且剂量稍大些，或者肌肉注射绒毛膜促性腺激素 50 ～ 100μg。对于黄体囊肿的母犬可以肌肉注射前列腺素（PGF2a、PGE1、PGE2、PGF1a）0.3 ～ 0.5 mg，或者肌肉注射绒毛膜促性腺激素 50 ～ 200μg。如果药物治疗无效，可以手术摘除卵巢。

第十二节　疥螨病

疥螨俗称疥癣虫，是寄生于犬体表皮肤和表皮内的一种螨虫，引起慢性皮肤寄生虫病。

一、诊断要点

疥螨体小，近乎圆形，形似龟，灰白色或灰黄色。雌虫在宿主皮肤深处产卵，卵产出后经 3 ～ 7 天孵化成有 3 对脚的幼虫，再经 3 ～ 4 天变为稚虫。稚虫经过 3 ～ 4 天后，一部分变为雄虫，大部分变为雌虫。雌、雄交配后 3 ～ 4 天，雌虫性成熟并开始产卵。全部生活史需 2 ～ 3 周。雄虫可生存 38 ～ 42 天，雌虫产卵后 21 ～ 35 天即死亡。

疥螨常寄生于犬的鼻梁、眼眶、耳廓及耳根部，以及前胸、腹下、腋窝、大腿内侧与尾根处等，严重时可蔓延全身。寄生部位表面潮红，有疹状小结，初期红润并有渗出液，剧痒。病犬表现不安，不停地抓挠、摩擦、啃咬，皮肤常有破损，被毛脱落。

根据犬瘙痒及皮肤红疹可做出初步诊断，确诊须刮取皮肤病变部位与健康部位交界处的组织（要刮至稍有出血为止）进行镜检发现螨虫。

人与病犬常接触或同床睡眠时，也可被感染，在皮肤上出现红色丘疹、瘙痒。

二、防治措施

目前疗效较好的药物有伊维菌素及含有伊维菌素的药物，如爱比菌素、虫克星、痒可平、害获灭等，参照说明书剂量使用。一般需连用数次，每次间隔 3 ～ 5 天，以便分批杀死新孵出的幼虫。还可配合用双甲脒等进行药浴。也可用2%敌百虫溶液进行局部涂擦，疗效确实。当皮肤因抓挠发生破溃及感染时，参照外科感染治疗。犬垫褥要进行洗烫、曝晒，犬常活动的环境应注意喷洒药物灭螨，否则不易根治。

经常打扫犬舍，清理犬窝，定期用灭螨药如双甲脒彻底消毒犬舍。病犬须进行隔离饲养、治疗。发现犬常搔痒时要尽早检查，及时诊断治疗。

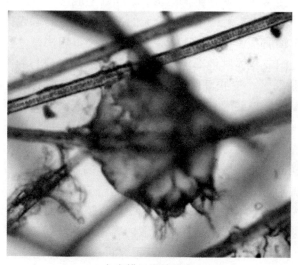

犬疥螨显微镜检查

第十三节 蠕形螨病

本病又称脂螨病或毛囊虫病，是由犬蠕形螨寄生于皮脂腺或毛囊内而引起的一种常见而又顽固的皮肤病，多发于 5 ～ 10 月龄的幼犬和发情期及产后的雌犬。应激与免疫功能低下是本病发生的诱因。

一、诊断要点

蠕形螨具有蠕虫的外形，体长 0.2 ～ 0.3 毫米，宽 0.04 毫米。胸部有 4 对很短的足。口器位于前部，呈蹄铁状。腹部呈锥形，有横纹。卵呈梭形，长 0.07 ～ 0.09 毫米。常寄生于皮肤的皮脂腺或毛囊中，全部发育过程都在宿主身上进行。雌虫产卵，孵化出 3 对足的幼虫，幼虫蜕变为 4 对足的若虫，若虫蜕变为成虫。蠕形螨有时可寄生于宿主的组织和淋巴结内并在此繁殖，成为内寄生虫。犬体表常有蠕形螨存在但不发病，仅当机体抵抗力降低或皮肤发炎时发病。常侵袭 5 ～ 6 月龄的幼犬，2 岁以上成年犬则较少发生或症状较轻。本病为接触传染，部分犬的发病有明显的家族史。

（1）鳞屑型（较轻者）：多发于眼眶、口角周围、颈部以及肘部、脚趾间或身体其他部位。患部脱毛，逐渐形成与周围界限明显的圆形脱毛区，皮肤潮红并覆盖银白色的黏性皮屑。有时皮肤增厚、粗糙及龟裂或带有小结节。痒感不明显或仅有轻度瘙痒。

（2）脓疱型（严重者）：病变蔓延全身，特别是腹下部和肢体内侧。患部出现蓝红色、绿豆至豌豆大小的结节，可挤出微红色脓液或黏稠的皮脂。脓疱破溃后形成溃疡，覆盖淡棕色痂皮或麸皮样鳞屑，并有难闻的臭味。因全身感染，病犬消瘦、沉郁、食欲减退、体温升高，最终因衰竭、自体中毒或脓毒症而死亡。

刮取皮肤上的结节或脓疱，取内容物做涂片镜检，发现虫体即可确诊。也可在刮破结节或脓疱后，将一段透明胶带贴于该处并按压一下，使虫体粘于胶面，撂下胶带，平贴在载玻片上做镜检。

二、防治措施

治疗时可注射伊维菌素或用双甲脒药浴。对重症脓疱型病犬应注意配合抗菌药物治疗，以控制细菌感染，同时调节营养，增强病犬体质。可试用四环素及甲硝唑治疗本病，有一定效果。取甲硝唑5份、硼酸粉5份、凡士林90份，调制成软膏，病犬患处剪毛后涂擦。临床上也可局部涂擦 1% ～ 3% 敌百虫溶液，每天或隔天 1次，连用 3 ～ 5 天，疗效确实。

 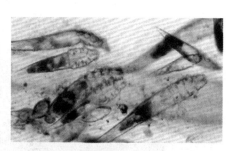

犬蠕形螨　　　　　　　　　蠕形螨显微观察

第十四节　虱 病

虱是犬体表的永久性寄生虫，具有严格的宿主。有危害的主要是犬长腭虱和犬啮毛虱。

一、诊断要点

虱以接触形式感染，也可经犬生活用具传播。虱在吸血时能分泌含有毒素的唾液刺激宿主神经末梢，产生痒感。病犬表现不安，常啃咬搔抓，严重时皮肤损伤及继发细菌感染，导致皮炎、脱毛。检查时极易发现在被毛间爬行的成虫和粘在被毛上的虱卵。

二、防治措施

治疗时可人工捕捉成虱，或用梳刷方法除虱及虱卵。有介绍用橘皮汁或白酒喷洒在犬被毛上，可使虱丧失爬行能力，便于捕捉。用双甲脒或 0.1% ～ 1% 敌百虫水溶液药浴，可杀死成虫，间隔 3 ～ 5天或 10 ～ 12 天重复进行 1 次。临床上也可注射阿维菌素、伊维菌素或多来菌素进行治疗和预防。

　　加强饲养管理，保持犬体卫生，不与有虱犬接触。有虱寄生时要坚持治疗，同时更换消毒垫褥等用品，以防再次感染。目前市场上有犬专用预防虱子的项圈，可以使用。

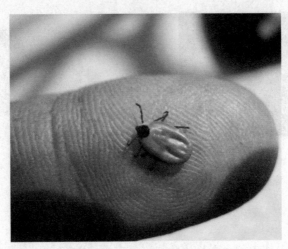

犬虱

第十五节　蚤　病

　　蚤即通常所称的跳蚤，是一种外寄生性吸血昆虫。寄生于犬体的蚤有犬栉头蚤与猫栉头蚤，以吸血为生，均不跳跃，但在干燥的被毛间行动十分敏捷。

一、诊断要点

　　蚤在叮咬宿主皮肤的同时分泌毒性唾液，起剧痒，毒素的刺激还可发生非特异性皮炎，严重时引起感染。当犬出现瘙痒、啃咬被毛时应对犬体表进行仔细检查，发现在毛间活动的蚤即可确诊。

二、防治措施

加强饲养管理，保持犬体及环境卫生，不与有蚤的犬、猫接触。治疗可参见本书"虱病"的治疗。

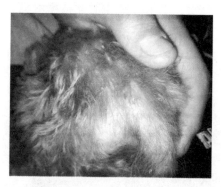

犬跳蚤

跳蚤

第十六节 过敏性皮炎

过敏性皮炎是指已致敏个体再次接触致敏原后引起皮肤黏膜过敏反应性炎症。引起本病的致敏原可以是某一物质或者某一物质的某些成分，如塑料或橡胶玩具、清洁剂、洗涤剂、药物，以及某些饲料成分等。

一、诊断要点

临床上表现为局部瘙痒，犬摩擦或啃咬局部，引起掉毛。出现界限明显的红斑，甚至水泡、脓疱，慢性病例出现皮肤增厚、苔藓样硬化、色素沉着。有的继发细菌感染，出现糜烂。

药物性过敏性皮炎可根据用药史进行诊断，一般多突然发生，多具有对称性；食物性过敏性皮炎可通过询问饲料组成进行分析等。

二、防治措施

脱离致敏原，如药物引起的，要立即停用致敏药物；如怀疑饲料问题，则更换饲料。抗过敏治疗临床上主要注射或内服扑尔敏、息斯敏、苯海拉明、地塞米松等药物，也可静脉注射葡萄糖酸钙、维生素 C 等。

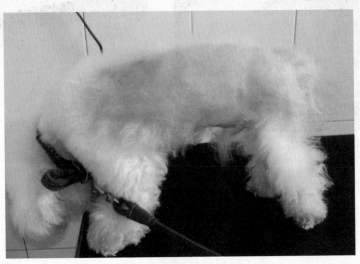

犬过敏性皮炎

第十七节　脓皮症

脓皮病是化脓菌感染引起的皮肤化脓性疾病。犬的脓皮病是兽医临床的常见病之一，临床上根据致病原因分为原发性和继发性两种；根据病理损害可分为浅层脓皮病和深层脓皮病，或者局部的和全身性脓皮病。葡萄球菌是主要的致病菌，如金黄色葡萄球菌、表皮葡萄球菌，此外也见于链球菌、化脓性棒状杆菌、大肠杆菌、绿脓杆菌和奇异变形杆菌等。过敏、体表寄生虫、代谢性和内分泌性疾病是浅层脓皮病的主要病因。

一、诊断要点

病变初期多发于少毛部位，病变处皮肤上出现脓疱疹、小脓疱和脓性分泌物，还有皮肤皲裂、毛囊炎和干性脓皮病等症状，严重时蔓延至全身，出现肉芽肿。

为明确感染菌，可刮取病变组织，做细菌分离培养。

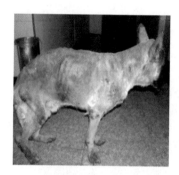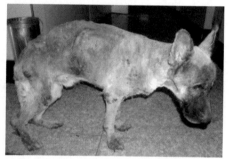

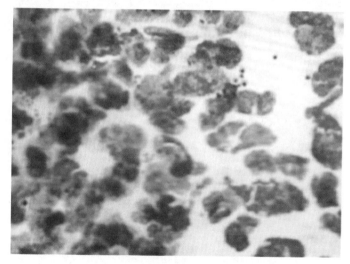

犬脓皮病，镜检发现大量嗜酸性细胞

二、防治措施

本病的治疗基本原则是祛除病因和局部用药配合全身用药。外用药物可选用甲硝唑溶液、洗必泰溶液、聚烯吡酮碘溶液等进行洗涤，然后选用抗菌软膏进行涂擦，如红霉素软膏、环丙沙星软膏，或者用凡士林混合硫酸铜、抗生素进行局部涂擦。全身用药可选用广谱抗生素与抗厌氧菌药合用。有条件的可通过药敏试验结果选择抗菌药。

第八章 耳及眼疾病

第一节 角膜皮样增生

角膜皮样增生，是由于角膜上面长毛，多数是眼球部分表面有毛，很少有眼球外面全面覆盖毛。视力随毛遮盖瞳孔的大小而定，程度不一。增生多发生于两侧眼。

一、诊断要点

可根据临床症状进行诊断。病犬整天眼闭合、流泪，随着时间增长角膜出现混浊变形，严重的可能形成穿孔。后期病犬可能成为无痛感不流泪的盲犬。由角膜长毛引起的角膜易位对机体其他部位的影响不明显。

二、防治措施

无药物治疗本病。由于角膜长毛引起角膜易位，需采取手术疗法治疗。出生后时间越短，越容易进行手术。动物保定后，用普鲁卡因进行眼神经麻醉，刺激患部反射性降低后，用镊子夹住患部，使眼睑外翻，轻轻用刀提起，剥离。一定要把带毛囊的皮层切除，以防止术后继续长毛。手术过程中一定要保证手术视野清晰，以免损伤眼球组织。术后可用硼酸溶液清洗术部，至无碎毛、无剥离的组织碎片及血凝块等异物为止，再用四环素眼膏或氯霉素眼膏至痊愈。

角膜皮样增生

第二节 麦粒肿

麦粒肿又称瞬膜腺突出，是由葡萄球菌感染引起的睑腺急性化脓性炎症。眼睑有两种腺体，在睫毛根部的叫皮脂腺，其开口于毛囊；另一种靠近结膜面埋在睑板里的叫睑板腺，开口于睑缘。麦粒肿因发生部位不同而分为两种，睫毛毛囊皮脂腺的炎症称为外麦粒肿，睑板腺的炎症称为内麦粒肿。主要由金黄色葡萄球菌感染引起。

一、诊断要点

麦粒肿的临床症状表现为眼睑缘皮肤或眼结膜呈局限性红肿，触摸时可发现局部有明显压痛的硬结，疼痛剧烈。一般在 4～7 天后脓肿成熟，由于处于发炎状态的睑板腺被牢固的睑板组织包围，在充血的睑结膜表面常隐约露出黄色脓块，可自行穿破，排脓于结膜囊内。睑板腺开口处可有轻度隆起、充血，亦可沿睑腺管通排出脓液，少数亦有从皮肤穿破排脓。如果睑板未能穿破，同时致病的毒性又强烈，则炎症扩大，侵犯整个睑板组织，形成眼睑脓肿。

二、防治措施

麦粒肿形成初期，治疗原则是促进炎症产物的消散吸收。最初24～48小时内，当炎症继续扩散，组织尚未出现化脓性溶解时，为了减少炎性渗出，可用栀子浸液冷敷，用0.5%的普鲁卡因青霉素溶液做病灶周围封闭；当炎性渗出基本平息（病后3～4天）后，可用栀子浸液温敷或涂抗生素眼膏。脓肿成熟时必须切开排脓，但在脓肿尚未形成之前，切不可过早切开或任意用力挤压，以免感染扩散导致蜂窝织炎或败血症。如伴有淋巴结肿大，体温升高时可全身应用抗生素治疗。

麦粒肿是由细菌引起的化脓性炎症反应，因此日常生活中应注意畜舍的卫生与清洁，预防麦粒肿的发生。

犬麦粒肿

第三节　外耳炎

外耳炎是一种犬耳道常见疾病，出现的异常包括外耳道上皮组织急性或慢性感染，有时可以侵染到耳廓。其临床表现包括耳部皮肤出现红斑、脱皮、疼痛或瘙痒。据国外的一些报道，犬外耳炎发病率在 5% ～ 20% 之间，所有种类和年龄的犬都有可能会患病，且其中有一些种类的发病率较高。有国外的报道称犬类中迷你杜宾、可卡犬和猎狐有较高的发病率。引起犬外耳炎的因素很多，机械性损伤、细菌、真菌和寄生虫感染等是引起犬外耳炎的几种重要原因。

一、诊断要点

发病初期，外耳道的皮肤充血、水肿、湿热、瘙痒，耳道内皮肤渗出淡黄色浆液性分泌物，从耳道内流出而黏附于耳下部的被毛上。动物表现不安，不时摇头，并用四肢搔抓耳部。随着病情发展，外耳道皮肤肿胀加剧，或出现脓疱，或皮肤发生局限性坏死，而到流出棕黑色恶臭脓性分泌物，黏附于耳根部被毛上，导致被毛脱落或发生皮炎。患病动物痛苦不安，食欲减退，体温有时升高，听觉降低。治疗不当可转为慢性，或时好时坏，反复发作，并引起耳道的组织增生，即耳道皮肤上发生似乳头状肿瘤（耳耵聍腺瘤），导致外耳道腔体显著缩小，耳廓皮肤增厚，耳廓变形和听觉障碍。

二、防治措施

早期治疗：局部清洗。剪去外耳道及耳根部的被毛，用 0.9% 生理盐水、0.1% 新洁尔灭或雷佛奴尔液，用止血钳夹取脱脂棉球蘸药液清洗外耳道，彻底将耳道内的非脓性分泌物、脓性分泌物或脱落于耳道内的坏死组织和异物取出，然后用干棉球吸干耳道内的清洗液。局部用药：外用滴耳液，将滴耳液挤几滴到犬耳道内，折叠耳朵做轻度按摩，每天 2 ～ 3 次。消除病因：寄生虫（犬耳螨）

引起的，可注射伊维菌素；真菌感染的，可注射抗真菌药物如抗真菌一号、二号；细菌感染或过敏性的，只需进行全身性的消炎与抗过敏治疗即可。全身性消炎与抗过敏：在及时消除病因的同时，配合全身使用抗生素、皮质激素和抗过敏药物如氨苄青霉素、林可霉素和地塞米松、扑尔敏。在早期治疗的基础上，适当加长治疗的周期一到两周，细菌性、寄生虫性、真菌性外耳炎可预后良好。而对于耳耵聍腺瘤性外耳炎这一增生性的外耳炎，采用常规的消炎清洗最多只能控制炎症的发展，而不能使已经长出来的耳耵聍腺瘤消除，治疗难度较其他外耳炎大，唯一的根治方法只能手术摘除增生的耵聍腺瘤。

　　治疗固然重要，预防也是必不可少的。合理进行预防，不仅有助于患病犬的治疗，而且还可以预防犬发生疾病。时常观察犬是否后爪抓挠耳部，剧烈摇头；定期检查犬耳道，拔除耳内的毛，清洗；合理使用滴耳液，保持耳道内干燥卫生；及时治疗皮肤病，驱除体外寄生虫。这样才能提高犬的生活质量。

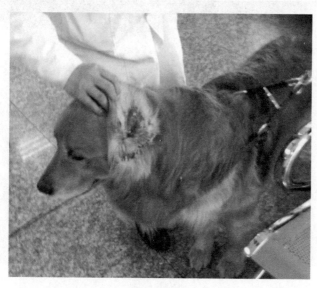

犬外耳炎

第四节　巩膜出血

巩膜出血是指结膜小血管破裂出血聚于结膜下。常仅仅出现于一眼，可发生于任何年龄。巩膜出血的形状不一，大小不等，常成片状或团状，也有波及全眼球结膜成大片者。可由剧烈咳嗽、呕吐、外伤等引起，某些传染性疾病（如败血症、伤寒等）也能引起巩膜出血。

一、诊断要点

巩膜出血的形状不一，大小不等，常成片状或团状，也有波及全球结膜成大片者。少量呈鲜红色，量大则隆起呈紫色，多发生在睑裂区，随着时间的推移，出血常有向角膜缘移动的倾向，也有因重力关系而集聚在结膜下方者。出血先为鲜红或暗红，之后变为淡黄色，最后消失不留痕迹。

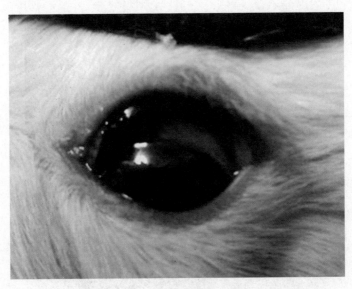

犬巩膜出血

二、防治措施

巩膜血管比较少，也比较脆弱，容易发生小血管破裂。如果出血不多，可以自行吸收。物理治疗可选择局部湿热敷，每天 3 ～ 4 次，每次 20 分钟，既可减轻疼痛，又可促进炎症吸收。严重者口服维生素 C、维生素 B_2、头孢拉定、蒲地蓝消炎片一块治疗比较好，同时外用妥布霉素滴眼液，还可使用抗生素眼药水预防感染。平时应注意避免引起巩膜出血的疾病发生，避免外伤史、巩膜炎症等。

第五节　结膜炎

结膜炎是犬较常见的一种眼病，其致病因素极其复杂，临床上显症表现型繁多，但其共同特点包括结膜充血、水肿、眼分泌物增多等；最严重的病例可引起眼睑极度红肿和外翻，甚至导致失明；也有极少部分因继发其他感染而产生全身症状，治疗不及时或用药不当也可导致患犬死亡。本病是多种内源性或外源性刺激因子作用于患犬眼部，眼结膜内丰富的血管和视神经末梢、淋巴细胞等受到不良刺激，产生的一种应激性病理反应，表现出眼疾症状；同时也可能是犬瘟热、犬传染性肝炎、犬细小病毒等疾病作用下，集中表现于眼部病变的一种外在显症。

一、诊断要点

眼分泌物增多和结膜充血是结膜炎的最基本症状。不同性质结膜炎的共同症状有患眼异物感、灼热感、痒感及眼睑热胀感，一般对视力无损害。机械性或化学性所致的结膜炎，可通过病史及临床检查诊断；细菌性结膜炎最初多为一眼发病，数天后可波及另一眼，有浆液黏液性或脓性分泌物；病毒性结膜炎常见于犬瘟热病毒感染，一般双眼同时发病，并伴有鼻炎和气管、支气管炎；衣原体性结膜炎最初也常一眼发病，并在结膜或瞬膜表面形成滤泡或伪膜；寄生虫性结膜炎主要由结膜吸吮线虫感染所致，可先用1%地卡因药液滴眼，3～5分钟后用镊子或棉签取出虫体鉴定即可诊断。近年来又探索出以橡皮球吸满生理盐水冲洗法。过敏性结膜炎的临床诊断主要靠病史、症状、体征、缺乏特异性。

二、防治措施

急性结膜炎充血严重时，用3%硼酸液或0.1%利凡诺液洗眼、冷敷，涂布消炎眼膏，4次/天。若疼痛反应明显可加用局部麻醉药。无效时，再选用环丙沙星、先锋霉素、红霉素等。如仍有剧痛，可用1%～2%盐酸丁卡因点眼，并对犬笼用1%氢氧化钠溶液消毒。化脓性结膜炎可用0.5%盐酸普鲁卡因溶液1ml溶解青霉素5万单位，再加入氢化可的松0.5ml（2.5mg）做球结膜内注射或眼底封闭。对于重症病例表现极度水肿、羞明及失明者，需肌注2～3剂消炎抗菌针以控制继发感染。由理化因素刺激造成的结膜炎应首先除去病因。未损伤角膜组织的，可于结膜囊内涂抹0.05%氟美松眼膏，1～3次/天。根据情况并用广谱抗生素。

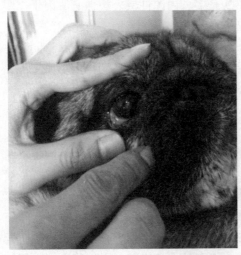
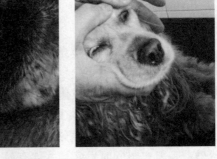

犬结膜炎

第九章 肿瘤性疾病

肿瘤（tumour）是指机体在各种致瘤因子作用下，局部组织细胞增生所形成的新生物（neogrowth）。因为这种新生物多呈占位性块状突起，也称赘生物（neoplasm）。肿瘤细胞是由正常细胞转变而来，机体内任何有分裂能力的细胞均可发生肿瘤。肿瘤与反应性增生不同，前者常无限制生长，对机体有害无益，肿瘤细胞是正常机体所没有的，而且不同程度丧失了分化成熟能力；后者在病因祛除后便停止增生，一般对机体是有利的，所增生的细胞是机体的正常细胞。

随着犬、猫等伴侣动物的寿命不断延长，其肿瘤的发病率明显高于大家畜，国外引进的纯种犬的肿瘤发病率相对较高，仅次于人类。据统计，口腔肿瘤、胃肠肿瘤、脾脏肿瘤、肝脏肿瘤、乳腺肿瘤、阴道肿瘤等肿瘤疾病的发病率高，在犬肿瘤疾病的兽医临床中最多见。

第一节 肿瘤的生物学特性

一、旺盛的增殖能力和自主性

生长瘤细胞一般都有较强的分裂增殖能力，失去了正常细胞在培养基中当彼此接触时则停止生长的现象即丧失了接触抑制。瘤细胞的生长在不同程度上脱离了机体的调控，而成为自主性生长。当然，所谓自主性生长也是相对而言，因为机体的免疫功能和内分泌活动，在一定程度上还可以影响肿瘤的生长和发展。

二、结构异型性

肿瘤的组织结构和细胞形态都与其起源的正常组织有不同程度的差异，即肿瘤的异型性。异型性的大小是肿瘤组织分化程度高低的重要标志。恶性肿瘤的异型性大，主要表现为：细胞大小不一，一般比正常细胞大，形状多样，不规则。细胞核较正常大，大小不均，有的为巨核、双核或多核，形状不规则，染色增深。核膜厚而明显，染色质粗大，分布不均，核仁大而数量增多。常可见到非典型核分裂象。电子显微镜下，核明显肿大，核膜凹凸不平，呈波浪状或具有皱褶，线粒体、内质网及高尔基器等均不发达，细胞间的连接松弛，桥粒减少或消失。如癌细胞能合成一系列异常的蛋白质，统称为肿瘤相关蛋白，临床上对这些蛋白的检测具有一定的诊断意义。

三、浸润性和转移

癌细胞生物学特性之一是侵犯周围正常组织，穿入血管和淋巴管，转移到远处，并形成继发性肿瘤或称转移瘤。浸润性生长和转移是恶性肿瘤有别于良性肿瘤的特性之一，同时也是导致机体死亡的一个重要原因。

四、代谢活动

肿瘤细胞的代谢异常，表现在细胞呼吸、酶的特性和水平以及细胞产物等方面。正常细胞的呼吸作用会表现出巴斯德效应（pasteur effect），即氧浓度升高时，糖的酵解（糖的无氧降解，即一分子葡萄糖转化为二分子乳酸）会受到抑制，乳酸堆积减少。恶性肿瘤细胞则不同，即使供氧量充分，糖酵解仍以高速率进行，出现乳酸堆积，因此恶性肿瘤组织容易发生酸中毒。

肿瘤组织的蛋白质代谢无论是合成或分解都增强，但合成比分解占优势。肿瘤组织不仅能利用吸收的食物营养，而且还能夺取正常组织的蛋白质分解产物合成本身的蛋白质，因此到了肿瘤后期，机体常处于恶病质状态。恶性肿瘤细胞还能合成一些仅见于正常胚胎组织、出生后即行消失的蛋白质，例如结肠癌的癌胚抗原、原发性肝癌的甲种胎儿蛋白等，这是由于基因脱抑制造成肿瘤细胞重新表达的结果。此外，有些肿瘤细胞能合成某种激素，但其起源的正常组织是不产生的，如肺癌细胞能产生促肾上腺皮质激素，称为异位性激素分泌，也是肿瘤细胞分化异常的一种标志。

第二节　肿瘤的分类

肿瘤的分类通常是以其组织发生（即来源于何种组织）为依据，每一类别又分为良性与恶性两大类。

良性肿瘤与恶性肿瘤区别

鉴别项目	良性肿瘤	恶性肿瘤
生长方式	膨胀性生长，有时可停止生长，常有包膜	浸润性生长，很少停止生长，不形成包膜
生长速度	缓慢	快速
大小	可长得很大	不会长得很大
形状	呈球形、椭圆形、结节状，表现光滑整齐，与周围组织分界明显，一般不破溃	呈多种形态，表面不整齐，凹凸不平，常形成溃疡，与周围组织分界不明显
疼痛与出血	无痛，不易出血	有痛，易出血
质地	质地较硬，有的较软，但均一性一致，有弹性或压缩性	质地软硬不均，无弹性和压缩性
组织结构	细胞分化良好，与起源的成熟组织相似，细胞的大小及形态一致，核分裂象少见	细胞分化差，与起源的成熟组织不相似，细胞的大小及形态不规则，核分裂象多见
转移与复发	不转移，不复发，可转为恶性肿瘤	易转移，易复发
对机体影响	局部压迫作用，产生机能障碍，一般无全身反应	局部压迫作用，有全身变化，如贫血、消瘦、恶病质等

第三节　肿瘤的病因

肿瘤的病因可分外源性病因和内源性病因两类。

一、外源性病因

包括生物的、化学的和物理的三个方面。生物因子就其重要性依次为病毒、霉菌、植物和寄生虫。

（1）病毒。如犬病毒性乳头状瘤由可产生良性口腔、眼布或皮肤肿瘤的部位特异性乳头瘤病毒引起。患有免疫抑制性疾病或使用免疫抑制药物，特别对于成年犬，是造成口腔乳头状瘤的诱因。

（2）霉菌。有些霉菌产生的毒素能引起畜禽的肿瘤，重要的有黄曲霉、杂色曲霉、冰岛青霉、镰刀菌、白地霉等。其中以黄曲霉最为重要，分泌的黄曲霉毒素 B_1 具有强烈的致癌作用。

（3）寄生虫。同家畜肿瘤有关的只在有食道虫寄生的犬有过报道。病犬的食道下部常有直径 $1 \sim 2cm$ 的纤维肉瘤或骨肉瘤，其中心常含有一至数条寄生虫，但对其因果关系还缺乏正确解释。

（4）化学因子。可分为遗传毒性致癌剂和渐成性致癌剂。遗传毒性是指对生殖细胞和体细胞的核内和核外遗传物质具有毒性、致死性并引起可遗传的变化，渐成性是指同 DNA 以外的巨分子相互作用。

（5）物理因子。对于犬主要是电离辐射和日光。离子辐射能引起犬的骨瘤、骨肉瘤、软骨肉瘤和血管肉瘤，日光能引起犬的下腹部无色素和无毛部分发生皮肤癌。

二、内源性病因

包括年龄、遗传倾向性和家族倾向性。

（1）年龄。细胞受到的内源性和外源性致瘤因素的影响是随年龄增长而加强的，衰老引起的机体变化为肿瘤的发生创造了有利条件。

（2）遗传和家族倾向性。主要表现为动物发生肿瘤的风险率存在品种间和种群间的差异。如犬的甲状腺癌多见于拳师犬、金猎犬和垂耳矮脚犬，而睾丸瘤则以德国灰毛猎犬和锡特兰牧羊犬的风险率为最高。

第四节　肿瘤的治疗

一、良性肿瘤的治疗

治疗原则是手术切除，但手术时间的选择应根据肿瘤的种类、大小、位置、症状和有无并发症而有所不同。

（1）易恶变的、已有恶变倾向的、难以排除恶性的良性肿瘤等应早期手术，连同部分正常组织彻底切除。

（2）良性肿瘤出现危及生命的并发症时，应做紧急手术。

（3）影响使役、肿块大或并发感染的良性肿瘤可择期手术。

（4）某些生长慢、无症状、不影响使役的较小良性肿瘤可不手术，定期观察。

（5）冷冻疗法对良性瘤有良好疗效，适用于大小家畜，可直接破坏瘤体，以及短时间内阻塞血管而破坏细胞。被冷冻的肿瘤日益缩小，乃至消失。

二、恶性肿瘤的治疗

如能及早发现与诊断则往往可望获得临床治愈。

1. 手术治疗

迄今为止仍不失为一种治疗手段，前提是肿瘤尚未扩散或转移，手术切除病灶及部分周围的健康组织。应注意切除附近的淋巴结，为了避免因手术而带来癌细胞的扩散。

2. 放射疗法

是利用各种射线，如深部 X 射线、γ 射线或高速电子、中子或质子照射肿瘤，使其生长受到抑制而死亡。分化程度愈低、新陈代谢愈旺盛的细胞，对放射线愈敏感。临床上最敏感的是造血淋巴系统和某些胚胎组织的肿瘤，如恶性淋巴瘤、骨髓瘤、淋巴上皮癌等；中度敏感的有各种来自上皮的肿瘤，如皮肤癌、鼻咽癌、肺癌；不敏感的有软组织肉瘤、骨肉瘤等。在兽医实践上对基底细胞瘤、会阴腺瘤、乳头状瘤等疗效较好。

3. 激光治疗

光动力学治疗（PDT）是一种新的治疗措施，应用光生物学原理可用于各种肿瘤和疾病的治疗。目前以血卟啉衍生物（HPD）制剂研究最广泛。其对癌细胞的脱氧核糖核酸分子具有特殊的亲和力，注入体内后可自动浓集和潴留在癌细胞内，而注射后 24 ～ 48 小时大多数血卟啉衍生物（HPD）从正常细胞和器官被代谢排出，在注药 72 小时后（清除期以后）用相应波长的光激活感光剂可直接照射到肿瘤，癌灶呈红色荧光，可以确定病区。

犬肛周肿瘤

犬下颌肿瘤

犬眼肿瘤

犬口腔肿瘤

犬口腔外肿瘤

4. 化学疗法

最早是用腐蚀药，如硝酸银、氢氧化钾等，对皮肤肿瘤进行烧灼、腐蚀，目的在于化学烧伤形成痂皮而愈合。50%尿素液、鸦胆子油等对乳头状瘤有效。还有烷化剂的氮芥类，如马利兰、甘露醇氮芥类、环磷酰胺（癌得星）等药物。植物类抗癌药物如长春新碱和长春花碱等。抗代谢药物如氨甲喋呤、6-硫基嘌呤等均有一定疗效。

5. 免疫疗法

近年来随着免疫的基本现象的不断发现和免疫理论的不断发展，利用免疫学原理对肿瘤防治的研究已取得了明显成就，已作为对肿瘤手术、放射或化学疗法后消灭残癌的综合治疗法。

第五节　常见肿瘤

一、犬乳腺瘤

犬乳腺是肿瘤的常发部位。犬乳腺瘤的发病率约为 1/500，是犬最常见的肿瘤类型，约占犬肿瘤发病数的 1/4 至 1/2，但如果在犬青年时期进行卵巢子宫摘除术，可减少肿瘤的发生率。

（一）诊断要点

各种环境因素和遗传因素均可导致犬乳腺瘤的发生。激素对乳腺组织的肿瘤发生也有影响，雌激素、黄体酮、生长激素和促乳素的异常分泌均会导致犬发生乳腺肿瘤。上皮组织来源的乳腺瘤无论是良性的还是恶性的均有雌激素受体。早期卵巢子宫切除可避免这些激素对肿瘤产生的影响，降低乳腺瘤的发病率。乳腺瘤的遗传性体质在人类已被证明，这种情况是否也发生在某种谱系的犬上仍待研究。最新研究表明，饮食因素对乳腺瘤的形成也有影响。犬由于食入红肉过多引起的过肥与乳腺瘤发病率增高间具有相关性。

乳腺肿瘤可出现一个或多个结节或团块。尾侧的乳腺较头侧的更易发病，这可能与此处乳腺组织含量较多有关。超过 50% 的病例可伴发或继发多个肿瘤，并且对大多数患犬这是一种原发病。一部分动物会出现溃疡或伴有炎性反应。炎症性癌有慢性肿胀的倾向，正常组织和异常组织的界线不明显，但在相邻的一侧或两侧后肢的淋巴结会发生广泛性的浮肿。

犬乳腺瘤常发生在尾侧的一对乳腺，多个乳房发生肿瘤的情况也很常见，因此对乳腺和局部淋巴结的触诊很重要。实验室检查应包括全血计数、血清化学指标测定、胸腹和左右两侧 X 光检查等，以确认有无转移。如果血液检查结果或触诊怀疑肿块转移到腹部器官，可做腹腔超声波检查。

（二）防治措施

1. 手 术

除炎症性癌及远隔转移的病例，进行外科手术几乎是所有患有乳腺肿瘤的犬所采取的治疗方法。这些方法包括单侧或双侧乳腺切除术（切除一侧或双侧乳房和淋巴结）、局部乳腺切除术（切除多个乳腺、间质组织和淋巴结）、简单乳腺切除术（切除有肿块的乳腺）、肿瘤切除术（局部肿块切除）。当同侧多数或全部乳腺都发生肿瘤时，应选择单侧乳腺切除术，这种方法可切除现有肿瘤并可防止对侧乳腺瘤的发生。

研究表明，手术切除肿瘤的同时切除卵巢子宫可提高患犬的成活率。卵巢子宫切除术除了对肿瘤生长和复发有潜在的治疗价值外，还有助于乳腺组织的收缩，并减少老年犬发生子宫蓄脓。若要切除卵巢子宫，应在乳腺切除术之前进行，以防止腹腔受癌细胞污染。

2. 辅助疗法

对于组织学分类较高、较大的可能发展成为转移性的犬的乳腺肿瘤，可以通过一些其他辅助疗法进行控制，如化学疗法、放射线疗法、激素疗法等。

犬乳腺瘤

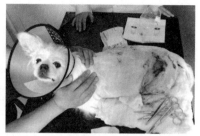

乳腺瘤

二、犬骨肉瘤

骨肉瘤，是指瘤细胞能直接产生肿瘤骨及骨样组织的一种恶性结缔组织肿瘤，其发病率在原发性恶性肿瘤中占据首位，是最常见的恶性成骨性肿瘤之一。

（一）诊断要点

骨肉瘤与其他肿瘤一样，病因不清，机制不明，其发病因素非常复杂，内因有素质学说、基因学说、内分泌学说等，外因有化学物质和内外照射、慢性炎症刺激学说、病毒感染学说等。原发性骨肉瘤在犬较为常见。犬的多数骨肉瘤为恶性，局部浸润（如病理性骨折或极度疼痛导致主人选择对其实施安乐死）或转移（如发生肺部转移）最终导致死亡。

四肢骨肉瘤主要发生在桡骨远端、胫骨远端和股骨近端的骨骺端，其他部位干骺端也可发病。该病主要发生在雄性大型犬（巨型犬），因跛行或患肢肿胀而就诊。体格检查通常显示患处疼痛肿胀，可能累及软组织。疼痛和肿胀发病突然，可能误诊为非肿瘤性骨骼疾病，从而延误肿瘤的治疗。

X线检查显示患处的骨骺端发生溶解增生综合征。邻近的骨膜化骨形成所谓三角，包含患处的骨皮质和骨膜增生区域。骨肉瘤通常不会累及关节，但是偶尔可浸润邻近的骨骼（如桡骨骨肉瘤可引起邻近尺骨的溶解）。其他原发性骨肿瘤和某些骨髓炎病灶的X线征象和骨肉瘤相似，因此对于任何出现骨质溶解和溶解-增生病变的病例在进行治疗前都应该进行组织学检查，除非犬主人已决定通过截肢进行治疗。

细针抽吸（如果有骨皮质溶解）或用骨髓穿刺针对病变组织采样检查，其结果可作为术前影像学诊断的依据。骨肉瘤细胞通常为圆形或卵圆形；胞浆界线清晰，呈亮蓝色，含有颗粒；细胞核不居中，有或无核仁。

（二）防治措施

犬骨肉瘤的治疗方案包括截肢，并配合单一药物或联合化疗。化疗可联合使用顺铂、卡铂或多柔比星等药物。

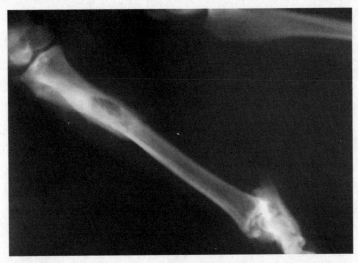

犬骨肉瘤

三、阴道新生物

阴道新生物是指阴道的良性及恶性肿瘤。良性肿瘤包括平滑肌瘤、纤维瘤、脂肪瘤、息肉，恶性肿瘤包括平滑肌肉瘤、鳞状细胞癌、肥大细胞肉瘤、变移细胞癌。

（一）诊断要点

确切病因尚未阐明，一般认为与各种内、外致肿瘤因素有关。

平均发病年龄 10～11 岁，常见肿瘤团块由外阴突出，阴道排出物呈浆液出血性或血样，配种困难，会阴部肿胀，患犬舔舐外阴。排尿困难，尿中带血，偶有便秘。

根据症状可初步诊断。较小的肿瘤可能在尸体剖检时才意外发现。阴道肿块可以触诊、阴道镜检查、阴道造影加以辨认。确诊要求做肿块的病理组织学检查。

（二）防治措施

良性肿瘤，可行肿瘤及卵巢子宫切除；恶性肿瘤，切除的同时配合放、化疗。

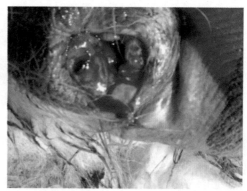

犬阴道肿瘤

四、犬白血病

白血病分为淋巴组织增生性和骨髓组织增生性两大类型。其临床病理特征主要为外周血液中幼稚型白细胞大量增数，其中淋巴细胞相对增多；全身淋巴结明显肿大，并且各器官组织可见到肿瘤病灶浸润生长，患畜的脾脏、肝脏异常肿大，其他器官也出现瘤灶；同时呈全身性贫血症状，红细胞可下降到 100 万或几十万，血红蛋白降至 20%～30% 以下。

（一）诊断要点

确切病因尚未阐明，可能与遗传因素、环境因素、化学物质和放射性污染有直接关系。

犬临床主要症状以典型的淋巴结病为特征。除此之外，犬主可以发现该犬有以下症状，如嗜眠、衰弱、食欲差、体重减轻、腹泻、呼吸困难、吞咽困难、烦渴以及多尿等。根据临床病理学分类，可分5个类型。

多中心型：此型最为多见。除淋巴肿大外，还经常伴发扁桃体肿大，肝、脾大和继发肾脏疾患。还有食欲不振、恶病质、可视黏膜贫血以及烦渴等。

营养型：此型以消化和吸收障碍而引起恶病质为主，有时腹部触诊可摸到肠系膜上增大的淋巴结或肿块。

纵隔型：不多见。主要临床表现为突发剧咳、呼吸困难、蹲坐呼吸、吞咽困难及呕吐，个别可引起食管扩张。

白血病型：此型以消瘦、长期腹泻、贫血及恶病质为主。病变虽可侵害至骨髓，但不会引发淋巴性白血病。本型不多见。

皮肤型：本型以皮肤慢性局限性溃疡为主，病程可长达数月至数年。开始以真皮部分出现红斑性斑块，继而发生溃疡。早期皮肤组织被大量淋巴细胞浸润。

具体诊断要点：

（1）骨髓性白血病。多见于1～3岁的犬，表现为食欲不振或废绝，体温升高，严重贫血。有的犬呕吐、腹泻、饮欲增加、多尿、淋巴结肿大。

（2）淋巴性白血病。多见于4岁以下的成年犬，表现为精神沉郁、食欲不振、消瘦、呼吸急促或轻度呼吸困难、体表淋巴结肿胀、呕吐、腹泻、腹水增多，腹部触诊脾肿大。

（3）单核细胞性白血病。极少发生，主要表现为精神沉郁、食欲废绝、可视黏膜苍白、发热、咳嗽、扁桃体肿大、体表淋巴结肿大。

（4）肥大细胞性白血病。多见于老龄犬，表现为食欲不振、体温稍高、烦渴、多饮、呕吐、腹泻、呼吸促迫。特征性变化是皮肤出现结节，结节直径多为3厘米以下，单发或多发，先发生于躯干，再向四肢和头部蔓延，有时并发表皮化脓性炎症及溃疡。

（5）血象变化：

a. 骨髓性白血病，白细胞数逐渐升高，最高可达4万以上。白细胞分类计数时，粒细胞可达70%～90%，主要为中性粒细胞。淋巴细胞的比例急剧降低，而单核细胞有所增加。

b. 淋巴性白血病，红细胞数减少，呈轻度低色素性贫血，多染性红细胞和幼稚型红细胞增多。白细胞数可高达3～6万。白细胞分类计数中，淋巴细胞绝对增加，出现分化型或未分化型淋巴细胞。

c. 单核细胞性白血病，红细胞数轻度减少，白细胞数中度或高度增加，最高可达8万。单核细胞增加，出现大量处于分化过程中的单核细胞。

d. 肥大细胞性白血病，白细胞数增加，肥大细胞明显增多。

（6）骨髓象变化：

a. 骨髓性白血病，粒细胞系统极度增生，嗜酸性及嗜碱性粒细胞也增多。

b. 淋巴细胞性白血病，多数患病犬出现异型淋巴细胞和大量幼稚淋巴细胞。

c. 单核细胞性白血病，可见未分化和分化型各种单核细胞增生。

d. 肥大细胞性白血病，肥大细胞增多，可达70%以上。

（二）防治措施

手术治疗仍不失为一种治疗手段，前提是肿瘤尚未扩散或转移，手术切除病灶连同部分周围的健康组织，应注意切除附近的淋巴结。切除的同时配合放、化疗。

第十章　外伤治疗

创伤是因各种机械因素加于动物机体所造成的组织或器官的破坏。犬的外伤多由于互相撕咬争斗而发生的咬创和裂创；尖锐物体可形成刺创；由锐利刀片或砍劈类物体造成的切创或砍创；由钝性物体造成的挫创；由重物挤压或车轮碾压造成的压创。

第一节　外伤处理的一般原则

（1）对于严重创伤要注意抗休克措施，如镇痛、补液等。

（2）药物控制伤口的感染。选择合适的消炎药物，控制感染，促进伤口的愈合。

（3）对于创伤要消除影响创伤愈合的因素，如最大限度清除创内坏组织、异物、血凝块和各种分泌物，保持创伤安静、改善局部血液循环，保证伤口适宜的温度和湿度，为伤口提供营养条件。

（4）加强机体的免疫抵抗力。

第二节　外伤处理的基本操作方法

一、外伤处理前的准备

1. 关于患病宠物的准备

（1）了解宠物的习性，做好伤口处理前的安抚工作，稳定宠物的情绪，最好让主人协助。

（2）根据伤口的位置，做好患病宠物的保定工作，要充分暴露伤口，便于伤口的清理。

2. 医生的准备

（1）了解伤口的情况，制定处理方案，原则是先无菌后污染，先简单后复杂，先一般后特异，先缝合后开放。

（2）做好自身消毒工作，洗手消毒，戴无菌手套、口罩。

3. 器械及药品的准备

医生根据外伤处理的需要，决定器械及药品的种类和数量，以及先后顺序，一般先干后湿，先无刺激性后有刺激性，先用的后取，后用的先取。

二、外伤处理的基本方法

1. 伤口周围的清理

首先用灭菌纱布覆盖创面，防止异物和清洗液进入创腔。然后将伤口的毛发、污物、渗出液等进行剔除清理，并以伤口为中心，距离伤口约2cm做一环形隔离带，隔离带内的毛发要清理干净。用70%酒精棉球反复擦拭靠近创缘的皮肤，离创缘较近的皮肤可用肥皂水或0.1%新洁尔灭等消毒液洗净，最后用5%碘酊涂擦创面2次并脱碘。

2. 清洁伤口

（1）用硼砂液、新洁尔灭液（0.01%）、高锰酸钾液（1：2000～1：5000）、生理盐水、消炎液、双氧水等由内向外反复冲洗，清除伤口内的炎性或脓性分泌物。

（2）用生理盐水冲洗干净伤口周围隔离带内的分泌物或脓液，并用消毒纱布蘸干。

（3）由里向外用碘酒对伤口周围的隔离带进行消毒，并用酒精脱碘。

（4）选用合适的药物对伤口进行处理，控制感染，促进肉芽组织的生长，从而促进伤口的愈合。

（5）引流。主要对面积较大、较深或形成窦道、分泌物较多的伤口，要安装引流纱布条。引流条不宜安装过紧，不利于分泌物的排出。

3. 固定敷料，保护伤口

根据伤口的大小，决定消毒纱布的长度和宽度。纱布用胶带固定，注意胶带尽量不与皮肤接触，防止皮肤过敏。对于伤口前期处理要适当增加敷料的厚度，以保证伤口的温度和湿度，利于肉芽组织的生长，后期敷料一定要薄，保持伤口的干燥，利于皮肤角质层的愈合。

4. 密切观察伤口的愈合情况

及时监测伤口的愈合情况，对于前期炎性期，分泌物较多，要适当增加清理伤口的次数；对于伤口炎症消除肉芽生长期，要适当减少伤口清理的次数，从而利于肉芽的生长，促进伤口的愈合。

三、外伤处理的注意事项

（1）严格的无菌操作。

（2）动作要轻，迅速敏捷，认真仔细。

（3）对于高度污染的伤口（气性坏疽等）要做好严格的隔离，污染物进行无害化处理，污染器械要加倍消毒，操作人员严格消毒，防止交叉感染。

（4）严格检测患病宠物的机体状况，必要时要结合全身用药，防止全身感染和提高机体的免疫抵抗力。

第三节 临床伤口的处理

临床上把伤口的愈合大致分为一期愈合和一期后愈合。非开放性伤口即缝合性伤口一般属于一期愈合伤口，此类伤口多为无菌或污染伤口。开放性伤口一般属于一期后愈合伤口，此类伤口多为感染伤口。

非开放性即缝合性伤口没有分泌物又无感染者，可以隔日检查伤口，保持伤口干燥，及时清理污物。伤口有分泌物者，要每天清理伤口，去除分泌物，并在伤口处涂抹抗生素软膏，更换敷料。伤口出现炎性红肿，炎性渗出物增多，并伴有体温升高者，每天清理伤口，清除分泌物，局部采用冷敷减少炎性物的渗出，局部进行封闭，控制炎症，并全身给药控制感染，更换敷料，适当增加敷料。对于伤口有脓性渗出物并形成窦道者，要拆除缝线，实施引流，彻底清理伤口的脓性液以及坏死组织，并安置引流条，全身给予抗生素控制感染。对于有缝线反应的伤口，可用酒精湿敷，视伤口基本愈合立即拆线。

对于开放性的伤口，应尽量避免使用刺激性和腐蚀性比较大的药物，比如酒精、碘酒、高浓度高锰酸钾溶液等，以免对肉芽组织造成损伤，延缓伤口的愈合。浅表性、血流丰富、感染机会小的伤口可以用生理盐水湿润，清除伤口污物，涂抹抗生素软膏，用无菌纱布包扎即可。感染或污染性伤口要扩大伤口面，彻底引流，用生理盐水、消炎水、双氧水等彻底冲洗，清除伤口炎性渗出物和坏死组织，建立隔离带，并用碘酒进行消毒，用酒精3次脱碘。对于口径较深、创口较小的伤口，要安置引流条，伤口涂抹抗生素软膏以及利于肉芽生长的药物。化脓性感染伤口先用生理盐水湿润和冲洗创面，清除表面的污物以及坏死组织，对于有痂皮覆盖的创面，要用生理盐水"泡澡"，待痂皮软化后揭去痂皮，暴露创口；再用双氧水冲洗伤口，清除脓液以及坏死组织；最后用庆大霉素浸泡的纱布覆盖创口，待创面肉芽新鲜，渗出减少，轻微渗血，用烧伤膏等均匀涂抹于肉芽组织表面，创口周围涂抹抗生素软膏；必要时要安装引流条，必须建立隔离带，用无菌纱布包扎创口，纱布要多，因为渗出液较多，建议每天清理2次伤口。顽固性、久治不愈性溃疡、窦道等，首先要刮去创口表面陈旧性痂皮或敷料，露出新鲜的肉芽组织，上面涂抹鱼肝油等中药软膏或者撒葡萄糖粉等，促进肉芽的生长。如果创面过大，炎性肿胀、水肿严重，可以在创面均匀涂抹高渗葡萄糖或蜂蜜，能促进炎性物质的吸收及水肿的消失。对于窦道较深、脓性分泌物较多的创口，可以扩大窦道，加强引流，使用消炎水纱布引流，创口涂抹抗生素软膏；照射创口局部加温，并保持创口湿度，加快肉芽的生长；同时加强营养，提高机体免疫抵抗力。对于患有糖尿病的宠物，可以在创口表面涂抹胰岛素，能加速创面的愈合。正常的肉芽组织色泽鲜红、致密、无分泌物、易出血。如果肉芽组织高出创缘，则是肉芽组织过度生长，要剪去多余的肉芽，压迫止血，或进行烧烙，抑制肉芽过度生长，外面涂抹抗生素软膏。如果肉芽组织发白，肿胀发亮，不易出血，说明肉芽组织出现水肿，这时要用高渗盐水或高渗葡萄糖涂抹肉芽组织表面，使组织脱水。对于陈旧性或坏死性肉芽组织要及时剔除，表面涂抹葡萄糖或中药软膏，促进新肉芽组织的生长。

外伤处理的注意事项

（1）对于非开放性伤口即缝合性伤口，前三天要注意观察伤口周围组织有无感染红肿等现象，并做到及时处理，排除隐患。

（2）对于大面积开放性伤口，要注重清创，争取在最短的时间内，彻底将坏死肌肉、肌腱、血管等组织剔除干净，控制感染，促进肉芽组织的生长。

（3）对于坏死组织已大部分清除的伤口，要注意保护肉芽组织的生长，如果没有明显的渗出，可以不用抗生素，使用中药软膏等促进肉芽组织生长。

第四节　外伤处理常用的药物

（1）酒精（75%）、碘酒。用于皮肤及器械的消毒。

（2）生理盐水（0.9%）。创口的冲洗及湿敷。一般用在血供丰富、创面分泌物较多、感染机会小且感觉敏锐的黏膜。

（3）双氧水（3%）。清洗创伤、溃疡，去除坏死组织。

（4）庆大霉素溶液（0.2% ～ 0.5%）。局部冲洗湿敷，用于绿脓杆菌、葡萄球菌感染的创面。

（5）烧伤膏等中药膏剂。用于肉芽生长期的创口，能够保护和营养肉芽组织，加速肉芽的生长。

（6）硼酸溶液（3%）。局部冲洗湿敷，用于烧伤、擦伤、皮肤溃疡等。

（7）高渗葡萄糖。脱水，能增强血浆渗透压而产生脱水作用。能使细菌细胞脱水，致使细菌死亡，能减轻肉芽水肿，改善局部血液循环，生肌减少创面疼痛，促进伤口愈合。

（8）鱼肝油。局部涂敷，能促进创面的上皮形成。

（9）硫酸镁溶液（50%）。用于挫伤、蜂窝织炎等的消痛消肿。

（10）胰岛素。主要用于患有糖尿病宠物的伤口。

（11）高锰酸钾溶液（1：2000～1：5000）。用于创面的冲洗，清除分泌物和坏死组织。

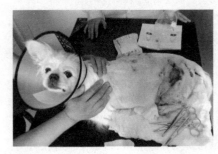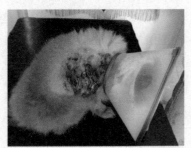

犬外伤治疗

第五节　常见外伤疾病

一、胸壁透创

由于受伤原因不同，创口的大小也各异。创口大的，可见胸腔内面，甚至部分脱出创口的肺脏；创口狭小时，可听到空气进入胸腔的咝咝声，若以手背靠近创口，可感知微弱气流。创缘的状态与致伤物体有关：由锐性器械引起的，创缘整齐清洁；铁钩、树枝、木桩等引起的；其创缘不整齐，常被泥土、被毛等所污染，极易感染化脓和坏死。病犬不安、沉郁，一般都有程度不等的呼吸、循环功能紊乱，出现呼吸困难，脉搏快而弱，创口附近常有皮下气肿。胸壁透创大多会有并发症。

（一）诊断要点

由于受伤的情况不同，部分病例可见胸腔内面，甚至部分脱出创口的肺脏；创口狭小时，可听到空气进入胸腔的咝咝声，如以手背靠近创口，可感知轻微气流。

如果伴发闭合性气胸时犬仅有短时间的不安，伤侧胸部叩诊呈鼓音，听诊可听到呼吸音减弱；如果伴发开放性气胸时犬表现严重的呼吸困难、不安、心跳加快、可视黏膜发绀和休克症状，胸壁创口处可听到呼呼的声音；如果伴发张力性气胸时犬表现极度的呼吸困难、心律快、心音弱、颈静脉怒张、可视黏膜发绀，有的出现休克症状，叩诊呈鼓音，呼吸时胸廓运动减弱或消失，不易听到呼吸音；如果伴发血胸时，胸壁下部叩诊出现水平浊音、X线检查在胸膈三角区呈现水平的浓密阴影、胸腔穿刺有带血的胸水；如果伴发脓胸时，常在胸壁透创后 3 ～ 5d 出现，病犬体温升高，食欲减退，心律加快，呼吸浅表、频数，可视黏膜发绀或黄染，有短、弱带痛的咳嗽，叩诊胸廓下部呈浊音，听诊时肺泡呼吸音减弱或消失，穿刺时可抽出脓汁。

（二）防治措施

手术是唯一的方法，犬全身麻醉后创围剪毛消毒，除去异物、破碎的组织及游离的骨片，操作时防止异物在病畜吸气时落入胸腔。对出血的血管进行结扎，对下陷的肋骨予以整复，并锉去骨折端尖缘。对胸腔内易找到的异物应立即取出，然后从创口上角自上而下对肋间肌和胸膜做一层缝合，胸壁肌肉和筋膜做一层缝合，最后缝合皮肤。缝合要严密，以保证不漏气为度。较大的胸壁缺损创，闭合困难时可用手术刀分离周围的皮肌及筋膜，造成游离的筋膜肌瓣，将其转移，以堵塞胸壁缺损部，并缝合以修补肌肉创口。闭合后用带胶管的针头刺入，接注射器或胸腔抽气器抽出胸腔内气体，以恢复胸内负压。

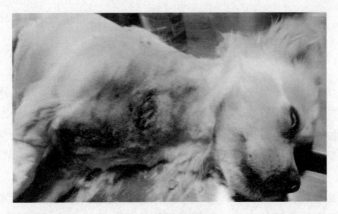

犬胸壁透创

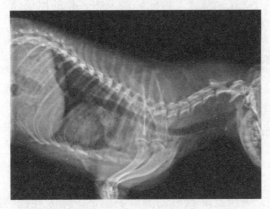

犬胸壁透创 X 线结果

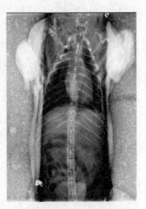

犬胸壁透创 X 线结果

二、挫伤

挫伤是机体在钝性外力直接作用下引起组织非开放性损伤。其受伤的组织或器官可能是皮肤、皮下组织、筋膜、肌肉、肌腱、韧带、神经、血管、骨膜、关节、胸腹腔及内脏器官。

犬常在钝性物体的打击或冲击下造成软组织非开放性损伤，如被蹴踢、棍棒打击、车辆冲撞、车辕碾压、跌倒或坠落于硬地等。

（一）诊断要点

局部出现血斑、血液浸润和血肿，皮肤变色，肿胀呈坚实性，有弹性。受伤部位疼痛，被毛有脱落的痕迹。挫伤发生部位不同，出现不同机能障碍。肌肉、骨及关节受到挫伤后，影响运动机能；发生于头部，则出现意识障碍；发生在胸部，影响呼吸机能；发生在腹部，形成腹壁疝、内出血，影响全身机能；腰、荐部挫伤，发生后驱瘫痪。

（二）防治措施

挫伤的治疗原则是制止渗出和溢血，促进炎性产物的吸收，镇痛消炎，防止感染，加速组织修复能力。受到强大外力的挫伤要注意全身状态的变化。病初局部冷敷，也可涂布复方醋酸铅散等。经过2～3天后改用温热疗法、红外线疗法或采用病灶周围普鲁卡因封闭疗法。发展为慢性炎症时可进行刺激疗法，局部涂擦樟脑酒精、樟脑软膏或5%鱼石脂软膏等，引起一过性充血，促进炎性产物吸收和肿胀的消退。并发感染者可应用抗生素药物。

三、骨 折

骨或骨软骨的完整性完全或不完全断裂称为骨折。犬骨折的主要原因为器械暴力作用，如车祸、棍棒打击、从高处跳下等因素。此外患有骨髓炎、骨疽、佝偻病、骨软病，衰老、妊娠后期，营养神经性骨萎缩，以及某些遗传性疾病等也易发生骨折。长期以肝、火腿肠、肉为主的犬，由于食物中缺钙而极易出现病理性骨折。

（一）诊断要点

（1）骨折特有症状

①畸形和角度改变。常见的有成角移位、侧方移位、旋转移位、纵轴移位，包括重叠、延长或嵌入等；②异常活动。完全骨折时，不该活动的部位出现异常活动；③骨摩擦音。骨折两断端互相触碰，可听到骨摩擦音，或有骨摩擦感；④局部肿胀与疼痛。骨折时在骨折部发生血肿，加之软组织水肿，造成局部显著肿胀，触碰

或骨断端移动时犬表现不安、避让；⑤功能障碍。伴有软组织损伤，肌肉失去固定支架作用，活动能力部分或全部丧失，如四肢骨骨折时突发重度跛行、脊椎骨骨折伤及脊髓时可致相应区后部的躯体瘫痪等。

（2）骨折其他症状

骨折后可引起骨膜、骨髓、周围软组织及神经、血管的损伤，因此局部出现出血、炎性肿胀和疼痛。功能障碍在四肢骨折、脊椎骨折时特别明显。骨折一般不出现全身症状，但伤后2～3天，因炎症及组织分解产物等可能会引起体温升高等。

X线检查时可清楚地了解到骨折的形状、移位情况、骨折后的愈合情况等。

（二）防治措施

根据骨折的部位和骨折端的稳定程度，选择适当的整复与固定方法，一般可分为闭合性整复与外固定、开放性整复与内固定两种。

（1）骨折的外固定

常用于四肢下端闭合性稳定骨折。对于非开放性骨折采用夹板绷带固定法，用竹板、木板、铝合金板、铁板等材料，制成长、宽、厚与患部相适应，强度能固定住骨折部的夹板数条。包扎时，将患部清洁后，包上衬垫，于患部的前、后、左、右放置夹板，用绷带缠绕固定。包扎的松紧度，以不使夹板滑脱和不过度压迫组织为宜。为了防止夹板两端损伤患肢皮肤，里面的衬垫应超出夹板的长度或将夹板两端用棉纱包裹。

（2）骨折的内固定

凡实行骨折开放复位的，原则上应使用内固定。内固定技术需要有各种特殊器材，包括髓内针、骨螺钉、金属丝和接骨板等。上述的器材有较长一段时间滞留在体内，故要求特制的金属，对组织不出现有害作用和腐蚀作用。当不同的金属器材相互接触，由于电解和化学反应，会对组织产生腐蚀作用，也会影响骨愈合。内固定的方法很多，应用时要根据骨折部位的具体情况灵活选用。

犬开放性骨折

犬下颌骨骨折

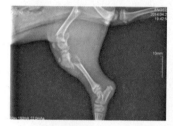

犬后肢骨折

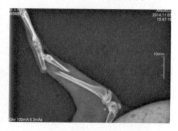

犬右后肢骨折

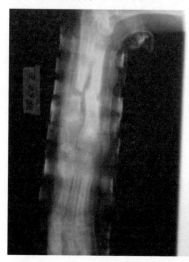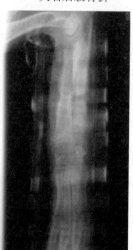

骨折（左）及恢复（右）

髓内针固定：本法适用于臂骨、股骨、桡骨、胫骨等骨干的横骨折。髓内针长度和粗细的选择，应以患骨长度及骨髓腔最狭处的直径为准。

接骨板固定：是内固定应用最广泛的一种，适用于长骨骨体中部的斜骨折、螺旋骨折、尺骨肘突骨折以及严重的粉碎性骨折等。

螺丝钉固定：某些长骨的斜骨折、螺旋骨折、纵骨折或髌骨骨折、踝骨骨折等，可单独或部分地用螺丝钉固定，根据骨折的部位和性质，再加其他内固定法。

钢丝固定：主要用于上颌骨和下颌骨的骨折，某些四肢骨骨折可部分地用钢丝固定。

第十一章　常用外科手术

第一节　眼睑内翻整复术

（1）适应症：各种原因引起的眼睑所发生的器质性内翻，特别是一些品种的幼年犬（如沙皮犬等），由于遗传缺陷所发生的眼睑内翻。

（2）器械：一般软组织切开、止血、缝合器械。

（3）保定与麻醉：侧卧保定，固定头部。全身麻醉配合局部麻醉。

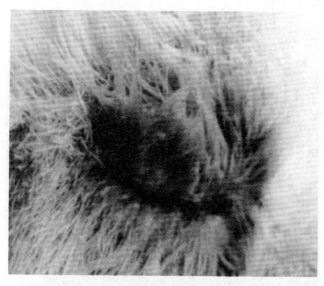

眼睑内翻

（4）术式：手术分为两种方法：

暂时性缝合纠正术，适合于有遗传缺陷的幼犬。在内翻眼睑外侧皮肤距眼睑 0.5 ～ 1 厘米处做 1 至数个垂直钮孔状缝合，使缝合处皮肤内翻。皮肤内翻程度以内翻的眼睑恢复正常为合适。

切除皮肤纠正术。局部剃毛、消毒，在离开眼睑缘 0.5～1.5 厘米与眼睑平行部位进行第一切口，切口的长度要比内翻部的两端稍长为合适。然后再从第一切口与眼睑缘之间做一个半月状第二切口，其长度与第一切口长度相同。其半圆最大宽度应根据内翻的程度而定。将已切开的皮肤瓣包括眼轮肌的一部分一起剥离切除，而后将切口两缘拉拢，结节缝合。

第二节　眼睑外翻整复术

（1）适应症：各种原因引起的眼睑所发生的器质性外翻，常见于长毛垂耳犬等。

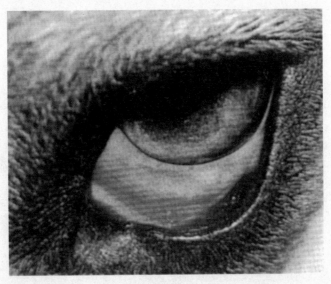

眼睑外翻

（2）器械：一般软组织切开、止血、缝合器械。

（3）保定与麻醉：侧卧保定，固定头部。全身麻醉配合局部麻醉。

（4）术式：手术分为两种方法：

外眼角楔型切除，于外眼角三角形切开至眼轮肌。三角形的一边外转与眼睑缘外延长线一致，再除去三角形组织片，分离下眼睑皮肤与眼轮肌，逐渐切除眼睑缘，但不能超过眼睑缘全长的 1/4。分离下眼睑皮肤和眼轮肌的同时要向外眼角侧拉，结节缝合、间断缝合，10 ～ 14 日后拆线。

V—Y 字切开术，适于疤痕性眼睑外翻。在下眼睑至眼轮肌 V 字型切开，切口大小以外翻程度而定。分离皮肤和眼轮肌，修复外转的眼缘至正常位置，做 Y 字型结节缝合，10 ～ 14 日后拆线。

第三节　倒睫整复术

（1）适应症：各种原因引起的眼睫毛倒向眼内侧的疾病。

（2）器械：一般软组织切开、止血、缝合器械。

（3）保定与麻醉：侧卧保定，固定头部。全身麻醉配合局部麻醉。

（4）术式：倒向内侧的睫毛少时，用睫毛镊子拔毛，可维持 2 周至 1 个月。倒睫多的，拔毛同时行外科矫正术，使眼睑外翻（参见本书眼睑外翻整复术相关内容）。长出两排睫毛的是睫毛重生病，如有障碍可按上述方法处理。

第四节　瞬膜外翻整复术

（1）适应症：瞬膜内软骨骨折或异常弯曲引起瞬膜外翻。

（2）局部解剖：见瞬膜腺增生切除术。

（3）器械：同瞬膜腺增生切除术。

（4）保定与器械：侧卧保定。全身麻醉或瞬膜基部浸润麻醉。

（5）术式：向瞬膜内注入生理盐水，以促使瞬膜表层与软骨分离。在瞬膜球面软骨骨扩或异常弯曲处做一横切口，然后将软骨分离、暴露、摘除。用0号缝合线（可吸收的缝线更好）闭合切口。

（6）术后护理：术后用氯霉素或四环素眼药水滴眼，连续5～7日，每日3～4次。

第五节　眼球摘除术

（1）适应症：眼球严重损伤无治愈希望、化脓性全眼球炎治疗无效及眼球内肿瘤等。

（2）保定与麻醉：侧卧保定，固定头部，全身麻醉配合眼球表面麻醉以及眼球周围浸润麻醉。

（3）器械：眼科弯剪及常规手术器械。

犬眼球火碱烧伤需摘除

（4）术式：用创巾钳夹在上、下眼睑外侧边缘。由助手牵拉，眼睑以镊子夹住巩膜固定眼球，用直剪或外科刀在眼球上方距结膜弯隆 3 毫米处的球结膜做环形切口，弯剪伸入球结膜的切口，环行一周剪开球结膜，眼球用钳子或锐钩一边牵引一边沿巩膜外壁向后分离结膜下脂肪组织至各眼直肌附着部，依次将其剪断，而继续向后剥离，直达视神经。然后用止血钳或镊子夹住眼球做旋转运动，并向上牵引，弯剪伸至球后剪断视神经及退缩肌，取出眼球，立即用温热生理盐水纱布塞入眶内，压迫止血，然后将止血纱布取出，用浸有磺胺制剂或抗菌素的纱布填充，将上下眼睑做间断缝合，并装眼绷带。

（5）术后护理：术后 3 天拆除眼睑缝合线，取出眼内纱布，涂以抗生素眼膏。肌注抗菌素一日 2 次，连续 5 ～ 7 日。

第六节　竖耳术（耳整形术）

（1）适应症：拳击师犬、丹麦品种大猎犬等品种，使耳直立进行耳整形术。

（2）器械：一般组织切开、止血、缝合器械。断耳夹子，或用肠钳代替。

耳整形术的长度与年龄关系

品种	年龄	耳长度（cm）
拳击师犬	9 ～ 10 周龄	8.3
大丹犬	7 周龄	6.3
小型史纳沙犬	10 ～ 12 周龄	5
大型史纳沙犬	9 ～ 10 周龄	6
杜伯文犬	7 ～ 8 周龄	6
波士顿犬	任何年龄	尽可能长

（3）保定与麻醉：伏卧保定，全身麻醉。

（4）术式：常规处理手术部位，将下垂的耳尖向头顶方向拉，用尺子测量所需耳的长度，测量是从耳廓与头部皮肤折转点到耳前缘边缘处，留下耳的长度用细针在耳缘处标记下来。将对侧的耳朵向头顶方向拉紧伸展，将两耳尖对合，用一细针穿过两耳，以确实保证在两耳的同样位置上做标记，然后用剪子在针标记的稍上方剪一缺口，作为手术切除的标记。

一对稍弯曲的断耳夹子或肠钳分别装置在每个耳上，装置是在标记点到耳屏间切迹之间，并可能闭耳屏。每个耳夹子的凸面朝向耳前缘，两耳夹装好后两耳形态应该一致，牵拉耳尖处可使耳变薄些，牵拉耳后缘则可使每个耳保留得更少些。耳夹子固定的耳外侧部分，可以完全切除，而仅保留完整的喇叭形耳。

当犬的两耳已经对称，并符合施术犬的头形、品种和性别时，在耳夹子腹面耳的标记处，用锐利外科刀以拉锯样动作切除耳夹的腹侧耳部分，使切口平滑整齐，除去耳夹子，对出血点进行止血，该血管位于切口末端的 2/3 区域。止血后用剪子剪开耳屏间切迹的封闭的软骨，这样可使切口的腹面平整匀称。

用直针进行单纯连续缝合，从距耳尖 0.75 厘米处软骨前面皮肤上进针，通过软骨于对面皮肤上出针，缝线在软骨两边形成一直线。耳尖处缝合不要拉得太紧，否则会导致耳尖腹侧面歪斜或缝合处软骨坏死。缝合线要均匀，力量要适中，防止耳后缘皮肤折叠和缝线过紧导致腹面屈折。

（5）术后护理：大多数犬耳手术后不用绷带包扎，待犬清醒后解除保定。丹麦大猎犬和杜伯文犬，耳朵整形后可能发生突然下垂，对此可用绷带在耳基部包扎，以促使耳直立。术后第 7 天可以拆除缝线。拆线后如果犬耳突然下垂，可用脱脂棉塞于犬耳道内，并用绷带在耳基部包扎，包扎 5 天后解除绷带，若仍不能直立，再包扎绷带，直至耳直立为止。

第七节　喉室声带切除术

（1）适应症：为减低犬的音量而实行喉室声带切除术。

（2）局部解剖：胸骨舌骨肌是一条较大的肌肉，其起始部主要为第1肋软骨，其1/3覆盖喉的腹部。犬的喉头比较短，环状软骨的软骨板很宽广。后关节面在一嵴状隆起的后侧方，距离后缘较远，为凹面，与甲状软骨后角为关节。环状软骨弓的前缘下部凹入，有环甲软骨韧带附着，环甲软骨呈三角形，底边附着于环状软骨弓的前缘，三角的两侧边附着于甲状切迹的两侧缘。腹面有纵走的增强纤维，背侧甲状切迹有横行纤维。甲状软骨的软骨板高而短。腹侧缘互相融接形成软骨体，软骨体的前部有一显著的隆起，可用手触之，但在生活状态不易看到。

（3）器械：一把双钝头小号弯剪及常规组织切开、止血、缝合器械。

（4）保定与麻醉：仰卧保定，头颈伸展，由口腔切除喉室声带则用开口器将犬的口腔打开，全身麻醉。经口腔内喉室声带切除术者也可配合咽部表面浸润麻醉。

（5）术部：喉切开、喉室声带切除术以甲状软骨突起为手术切开部位。

（6）术式：口腔内喉室声带切除术：用压舌板压低会压软骨尖端，暴露喉的入口，"V"字形的声带位于喉口里边的喉腹面的基部。用一弯形长止血钳，钳夹声带的背面、腹面和后面，剪开钳夹处黏膜并切除之，电灼止血或用纱布块压迫止血。在声带的背面和后面有喉动脉的一个分支，若损伤该血管，可引起出血。因出血位置较深，钳夹或结扎止血点有一定的困难，故应防止血流入气管深部。为此，在声带切除后，给施术动物插入气管插管，以保证足够的通气量和防止吸入血液，并将动物的头部放低，必要时经气管插入一个管子，将进入气管的血液吸出。一般出血在短时间内即可停止。在动物苏醒后恢复吞咽功能时，拔除气管内插管，并尽量减少引起动物咳嗽的因素。

喉切开喉室声带切除术：颈部腹下区皮肤常规剃毛、消毒。在喉的腹中线上，以甲状软骨突起处为切口中心，向上下切开皮肤6cm，分离胸骨舌骨肌至喉腹正中线两侧，充分暴露环甲软骨骨韧带和喉的甲状软骨，并充分止血，用左手食指确定甲状软骨突起，对准甲状软骨突起行切开甲状软骨，切口长 2.5～3cm，后边要将甲状软骨切开，然后用小创钩将甲状软骨切口牵开，以暴露喉室及声带，左手持镊子夹持声带黏膜，右手持弯钝头手术剪完整地剪除声带。

手术中应尽量避开声带背面附近喉动脉的分支，如果喉动脉的分支发生出血，应电灼止血或结扎止血，彻底止血后，喉的甲状软骨用 4 号丝线进行间断缝合，缝线要穿过喉室全层连续缝合胸骨舌骨肌，间断缝合皮肤。

（7）术后护理：术后为防止声带创面出血，可经口腔插入气管插管，并使插管的套囊位于声带处，套囊充气后，可起压迫止血作用，又可防止血液流入气管深部。待动物完全苏醒后拔除气插管，术部可用绷带包扎，防止动物脚抓搔术部，术后给动物止咳剂或镇静剂，以预防动物咳嗽而引起的声带部出血。

第八节　拔牙术

（1）适应症：各种病因引起的牙齿松动、坏死而影响咀嚼，异常生长的牙齿影响犬的外貌均可实施拔牙术。

（2）器械：齿钳、齿起子、镊子。齿钳的钳口必须选择与牙外形相适应的。

（3）保定与麻醉：根据病齿的位置，选择仰卧或侧卧，全身麻醉可配合局麻。

（4）术式：分两步实施齿周膜的撕破。齿周膜紧贴齿根和齿槽壁，在拔牙之前，许多病例需撕破它，用齿起子扩开齿窝。齿起子头的平面对着齿插入到齿根和齿槽之间，用力插入齿槽内到需要的部位为止。然后起子用杠杆作用从窝内分开齿，并可根据需要的方向改变其方向。

齿的取除。当用齿起子撕破齿周膜后，用转动或侧动的力量扩开齿窝，转动只能用于单圆锥齿根的那些齿。钳口要和齿根长轴方向平行，在齿龈和齿槽下使钳口伸向齿尖的方向，直到牢固地夹住齿根。

门齿，上颌第一前臼齿，下颌第一、二前臼齿和第三臼齿都是单圆锥形齿根，因而用齿钳拔除合理。其余的齿，除第四上前臼齿、食肉齿和犬齿都有两个或三个齿根，这些齿不能由转动而使其在齿窝松动，在应用齿钳前需用齿起子撕破齿周膜。

有时用齿钳使齿断裂，齿根仍留在原位，在这种情况下需尽力用齿起子或特殊钳子取除。如果嵌入太坚固，拔出会引起局部组织大量损伤，最好拖后两周或三周，那时它将松动而容易拔出。

第九节 甲状腺摘除术

（1）适应症：甲状腺机能亢进，甲状腺肿、甲状腺瘤等。

（2）局部解剖：犬甲状腺位于气管前部下方，分左右两侧叶，中间由峡部连接。两侧叶之前端抵达甲状软骨的中部，后增至第6气管软骨环。侧叶的腹面有胸骨舌骨甲状肌所覆盖。血液供应主要来自甲状腺动脉。神经分布是迷走神经的分支喉返神经，喉返神经与甲状腺动脉平行，因此结扎动脉时，应靠近腺体为宜，以免损伤神经。

甲状旁腺在甲状腺侧叶的前、后各有一个，直径0.2cm，呈灰红色，埋藏在甲状腺深侧。

（3）器械：一般软组织切开、止血、缝合器械。

（4）保定与麻醉：仰卧保定、头颈伸直、全身麻醉。

（5）术部：在甲状软骨后方沿颈腹正中线做6～8cm切口。

（6）术式：在术部切开皮肤、皮下组织，钝性分离胸骨舌骨甲状肌，用扩创钩将切口两边拉开，充分暴露气管及两侧的甲状腺，再剥离甲状腺周围组织，注意不要损伤喉返神经，分别结扎甲状腺前端和后端的血管，然后切除甲状腺，充分止血，分层缝合肌肉和皮肤。

第十节　气管切开术

（1）适应症：因各种病因引起的犬上呼吸道完全或不完全阻塞并引起严重的呼吸困难，甚至危及生命时，应采取的行之有效的紧急手术。

（2）局部解剖：犬的气管自喉头起沿颈长肌腹侧正中部向后下方延伸。气管端部的切面呈圆形，中央段的背侧稍扁平，有40～45个"C"状气管环。环的两个背侧端不相接着，这部分膜质壁位于环的表面。

（3）器械：金属气导管或"T"形橡胶导管及一般软组织切开、止血、缝合器械。

（4）保定与麻醉：病犬取侧卧或仰卧保定，使颈伸直，局部浸润麻醉及全身麻醉。

（5）术部：在颈侧上1/3与中1/3交界处，颈腹正中线上做切口。

（6）术式：沿正中线5～7cm的皮肤切口，切开浅筋膜、皮肌，用创钩扩开创口，进行止血并清洗创内积血，在创口的深部寻找两侧胸骨舌骨肌之间的白线，用外科刀切开，张开肌肉，再切深层气管筋膜，则气管完全暴露。在气管切开之前再度止血，以防创口血液流入气管。将两个相邻的气管环上各切一半圆形切口，即形成一椭圆创口（深度不得超过气管环宽度的1/2），合成一个近圆形的孔。切气管环时要用镊子牢固夹住，避免软骨片落入气管中。然后将准备好的气导管正确地插入气管内，用线或绷带固定于颈部。皮肤切口上、下角各做1～2个结节缝合，有助于气管的固定。若没有已备的气导管时，可用铁丝制成双"W"形代替气导管。为防止灰尘、蚊蝇、异物吸入气管内，可用纱布覆盖气导管的外口。

（7）术后护理：气管切开后要注意观察护理，防止犬摩擦术部或用爪抓掉气导管。每日清洗气导管，除去附着的分泌物和干涸血痂。注意气导管气流声音的变化，如有异常立即纠正。根据上部呼吸道病势的情况，若确认已痊愈，可将气管环取下，创口做一般处理，皮肤做结节缝合。如有感染，待第二期愈合。

第十一节　气胸闭合术

（1）适应症：开放性胸部穿刺创，除可能并发脏器损伤或大出血外，随呼吸空气经伤口自由出入，破坏了胸膜腔与外界大气间的正常压力差，胸膜腔内压与大气压力相等，造成肺萎陷，很快地引起严重的呼吸和循环衰竭，死亡率很高。

（2）器械：一般软组织切开、止血、缝合器械。

（3）缝合与麻醉：侧卧保定、全身麻醉。

（4）术式：术前立即用厚纱布垫在犬深呼吸之末封闭固定创口，变开放性气胸为闭合性气胸。对于较大的创洞，除去封闭创口的纱布垫，将已准备好的灭菌大纱布展平，并将其中央部迅速塞入胸壁创口内，用大量灭菌小纱布块或脱脂棉块堵塞于胸腔内的纱布中央部，填入纱布或脱脂棉的数量依伤口大小而定。最后向外牵拉留置体外的大纱布外周边缘，胸腔内棉塞自胸内严密紧贴创口内缘，使空气不能自由出入，并对创缘有确实加压止血作用。然后清理创围，剃毛消毒，用无菌隔离巾隔离术部，对已挫灭坏死的皮块、筋膜与肌肉组织进行切除修整，摘除可见的异物与碎骨片，修整骨断端对出血的血管进行结扎。

（5）气胸创口闭合：较小的透创，无需用大纱布的内棉塞，而应迅速将肋间肌与肋胸膜用缝线做间断缝合。超过 5～10cm 以上的大透创用灭菌大纱布内棉塞填塞并修整创口，肋间肌与肋胸膜进行间断缝合。缝合是从创口的上角由上而下进行，边缝合边从大纱布棉塞中抽出小纱布块膜或棉块。待缝合仅剩最后 1 ～ 2 针时，将大纱布全部撤离创口，关闭胸腔。

（6）术后立即抽出患侧胸膜内存留气体，以恢复胸内负压。并同时向胸腔内注射普鲁卡因、青霉素液体以控制感染。

（7）术后护理：术后监测体温，如有胸内积液，行穿刺术放出，并用抗菌素液体冲洗，连续 5 ～ 7 日肌注抗菌素。

第十二节　腹腔切开术

（1）适应症：适用于腹腔、盆腔探查术及各种腹腔内脏器的手术。

（2）局部解剖：腹壁的结构，由皮肤、肌肉、筋膜等软组织构成。按其层次，从外向内分为下列几层：皮肤，犬的皮肤较薄、移动性较大；腹外斜肌，有一宽广的内质部，起始于第八至最后肋骨以及背腰筋膜，覆盖着腹侧壁与底壁，止于腹白线，肌纤维由前上方斜向后下方；腹内斜肌：起自髋结节及背腰筋膜，肌纤维走向近于垂直，有肉质附着部连于最后肋骨；腹直肌：起于腰椎横突和肋软骨，肌纤维由上向下垂直行走，在腹下壁移行为腱膜，腱膜的后部分为两层，腹直肌位于两层之间，止于腹白线；腹膜：是由弹力纤维和少量细胞成分的结缔组织组成。

腹壁的神经：主要是肋间神经和腰神经。

腹壁血管：分布到腹壁的血管为腰动脉旋髋深动脉、肋间动脉、腹壁前动脉和腹壁后动脉。

（3）器械：一般软组织切开、止血、缝合器械及开腹创钩。

（4）保定与麻醉：仰卧保定，少数可用侧卧保定。

（5）术部：可取腹中线切开，腹中线旁切开肋弓旁切开，包皮旁切开（公）和肷部切开。其中腹中线切开最为常用。

（6）术式：腹中线切开法，术部从剑状软骨前 2 厘米至耻骨后 2 厘米。以脐孔做标识，从剑状软骨至耻骨前根据手术要求选择切口位置和长度，用皱壁法或紧张法一刀锐性切透皮肤全层及皮下组织，下起腹白线。用剪刀将白线外的筋膜分离开使白线清晰显露后，用镊子夹起白线上提，使白线与其下脏器分离，在白线上切一小口，然后在探针或镊子保护下剪开或切开白线切口全长，暴露腹腔。

白线旁切开法：切开皮肤、皮下结缔组织，按肌纤维的方向用钝性分离法分离腹直肌，最后剪开腹膜，暴露腹腔。

侧腹壁切开法：切开皮肤、皮肌、皮下结缔组织及筋膜，彻底止血，按肌纤维方向钝性分离腹外斜肌、腹内斜肌、腹横肌。用创钩拉开腹壁肌肉，充分暴露腹膜，按照腹膜切开法切开腹膜，暴露腹腔。

（7）闭合腹腔：先用2～4号缝合线连续缝合腹膜。用4号缝合线缝合肌肉和筋膜，用7号缝合线缝合皮肤

（8）术后护理：依腹壁手术的性质，术后采取绝食或流食。为预防感染应用抗菌素连续4～7日，每日两次。

第十三节　胃切开术

（1）适应症：取出胃内异物，摘除胃内肿瘤，急性胃扩张减压整复，探查宫内的疾病等。

（2）器械：一般软组织切开、止血、缝合器械。尽可能准备两套器械（污染与无菌手术分开用）。

（3）保定与麻醉：仰卧保定、全身麻醉。

（4）术部：在腹正中线上，剑状软骨与脐连线的中点，即为切口的中央。

（5）术式：切开腹中线腹壁腹膜，把胃从前壁到中部轻轻拉出。胃的周围用大隔离巾与腹腔及腹壁隔离，以防切开胃时污染腹腔。

在胃大弯部切一小口，要注意避开胃大弯的网膜静脉。创缘用

舌钳牵拉固定，防止胃内容物浸入腹腔。必要时扩大切口，取出胃内异物或探查胃内各部（贲门、胃底、幽门窦、幽门）进行其他手术。用温青霉素、生理盐水冲洗或擦拭胃壁切口，然后做全层连续缝合及第二层的连续内翻水平褥式浆膜肌层缝合，再用温青霉素、生理盐水冲洗胃壁，后将之还纳于腹腔，腹壁常规闭合。

（6）术后护理：术后两天开始给予易消化的流食，以后10日内保持少量饮食，防止胃过于胀满后撑裂胃壁切口。最初数天给静脉输液。连续应用抗菌素5～7日。

第十四节　肠管切除及肠吻合术

（1）适应症：肠管内异物、肠变位、肠套叠、肠扭转、肠嵌闭等各种疾病造成肠管坏死时，都需手术切除坏死的肠管段，并将肠管吻合。

（2）器械：同肠管切开术。

（3）保定与麻醉：仰卧保定、全身麻醉。

（4）术部：同腹中线切开术。

（5）术式：同全层切开腹壁后，腹腔探查，轻轻拉出病变肠段，经鉴定已发生坏死后，将病变肠管严密隔离。确定切除范围，双重结扎向切除段的肠管供血的肠系膜动脉及其边缘分支，用肠钳分别钳夹预定切除线外1厘米处的健康肠段。预定切除线应成一定角度以保证肠管有良好供血。切除病变肠段，用剪刀剪去结扎线之间的肠系膜，剪去外翻的肠黏膜，进行断端缝合，采用肠壁全层连续缝合。浆膜肌层用丝线做间断内翻缝合，着将肠黏膜做螺旋连续缝合，用温生理盐水冲洗后送入腹腔，最后闭合腹壁切口，装着腹绷带。

（6）术后护理：术后禁食48小时，然后给予少量流食、半流食，充分饮水，水中可加入适量的食盐，并注意维生素的补充。术后5～7日内应用抗生素。

第十五节　脐疝手术

（1）适应症：可复性及嵌闭性脐疝。

（2）保定与麻醉：仰卧保定，全身麻醉。

（3）术式：沿脐疝基部切开皮肤，切口为棱形，分离并切开疝囊，如为可复性脐疝，其内容物可自行还纳至腹腔，而嵌闭性脐疝内容物还纳困难，应小心剥离。如有坏死可将坏死肠段切除，对肠管断端吻合术后，再送回腹腔。用烟包式缝合或钮孔状缝合法闭锁疝轮，对皮肤进行减张缝合。最后以结节缝合法缝合皮肤创口，并装着压迫绷带。

第十六节　会阴疝手术

（1）适应症：会阴疝是指腹膜及腹腔脏器经骨盆腔后结缔组织凹陷脱出到会阴部皮下。本症多见于老龄犬，唯一疗法即手术修补。

（2）保定与麻醉：仰卧保定，下腹部垫以砂袋，使后躯抬高呈45度角倾斜，全身麻醉。

（3）术式：会阴部剃毛消毒，肛门周围缝合创巾，以防粪便污染术部。在会阴部肿胀物的中心切开皮肤及皮下组织，剥离腹膜样的疝囊，将疝内容物推回腹腔，用弯止血钳夹住疝囊底，沿长轴捻转几周，然后在疝囊颈部结扎，其残余部分可保留作为生物学栓塞。肛门括约肌与尾肌，荐坐韧带做环状缝合，皮肤切口做结节缝合。

第十七节　阴囊疝手术

（1）适应症：多用于成犬或者犬出血性手术。

（2）器械：一般软组织切开、止血、缝合器械。

（3）保定与麻醉：仰卧保定，抬高后躯。全身麻醉。

（4）术式：按疝囊大小，将腹股沟部皮肤切4～8cm长。钝性分离疝气的结缔组织，即达到疝气囊。一边牵引疝囊即总鞘膜，一边钝性剥离周围组织到腹股沟环，使之游离，并通过鞘膜壁抓住睾丸，然后用捻转疝囊的办法将疝内容物还纳到腹腔内，但仍通过阴囊壁（总鞘膜）固定着睾丸。一旦内容物还纳后，用一止血钳夹住疝囊基部，包括精索夹住，然后结扎疝囊，在结扎线上切除，这样疝囊与睾丸都被切掉。将腹股环前角做1～2针缝合，再将腹升斜肌的腹腱部与骨盆腱缝接，最后做皮肤结节缝合。

（5）术后护理：连续给予抗菌素5～7日。

第十八节　直肠固定术

（1）适应症：顽固性直肠脱经其他方法固定无效时，可采用腹腔内固定。但脱出的肠管如有急性感染或坏死时，不能采用此手术。

（2）器械：一般开腹手术器械，橡胶直肠导管。

（3）保定与麻醉：右侧卧或仰卧保定，全身麻醉。

（4）术部：左侧肷部髋结节前下方1～2cm处，作为切口的起点向下垂直切开腹壁3～5cm。自耻骨前缘至脐部的中点做白线切口（雌犬）或在白线旁3～5cm处做纵切口（雄犬）。

（5）术式：脱出的直肠黏膜用生理盐水洗净后，整复还纳，并插入直肠导管。

开腹后用生理盐水纱布将小肠推向前方，则可显露直肠，将直肠左或右侧壁与骨盆腔侧壁结节缝合2～3针。此时注意不要穿透肠黏膜，以免引起腹腔感染。缝合牢固后，拔出导管，闭合腹腔。

第十九节 肾脏摘除术

（1）适应症：一侧肾外伤、化脓性肾炎、肾肿瘤、肾结石、肾寄生虫等。

（2）器械：一般软组织切开、止血、缝合器械。

（3）保定与麻醉：仰卧或横卧保定。为了使病肾的位置抬高，可用圆枕垫起腰部。全身麻醉。

（4）术式：仰卧保定切口选在正中线脐的前方，横卧保定切口可在最后肋骨的后缘约 2cm 处。

切开皮肤 5～7cm，常规切开腹壁各层组织，仔细检查对侧肾脏、输尿管、膀胱颈及其三角部。然后用开创器扩大创口，浸有温生理盐水的纱布隔离肠管和大网膜，显露患肾。钝性分离腰椎下与腹膜连着的肾脏，并拉出创外。用钳子于肾脏前面穿透肾被膜，手指将其完全剥离，注意不要损伤肾实质。肾表面有出血时，用纱布压迫止血。同时剥离肾血管周围的脂肪及组织，露出肾动脉、静脉。分离输尿管周围的组织，结扎并切断输尿管。然后，结扎肾动脉、静脉，摘出肾脏。

缝合前要尽量清除创腔周围脂肪组织，然后结扎止血。一般不做创腔冲洗和引流。去掉腰下垫的圆枕，逐层缝合切口。

注意：术中注意剥离出入肾门的血管及周围组织，肾动脉、肾静脉结扎要切实。输尿管实施双重结扎，断端涂以碘酊或碳酸。

第二十节 乳腺切除术

（1）适应症：乳腺肿瘤，乳腺化脓、坏死或严重创伤。

（2）局部解剖：乳腺位于胸、腹底部两侧，前起胸前部，后达耻骨部。左右侧乳腺以腹中线相隔，同侧前后乳腺则无明显体表分界。每侧乳腺有 4～5 个乳区，由前向后依次命名为前胸、后胸、前腹、后腹和腹股沟乳。前胸和后胸乳接受胸内动脉、肋间动脉和胸外动脉的分支供血。前腹乳接受前腹动脉的前支和后浅支供血，后腹乳和腹股沟乳接受前支动脉后浅支供血。前两个乳腺的引流淋巴结为同侧的腋淋巴结，后三个乳腺则引流到同侧的腹股沟淋巴结，腹中线两侧的乳腺淋巴系无直接联系。

（3）器械：一般软组织切开、止血、缝合器械。

（4）保定与麻醉：仰卧保定，四肢充分外展全身麻醉。

（5）术式：以一侧乳腺全切除为例。在乳腺的内外侧，从胸前至外阴部做长椭圆形切口。乳腺外侧切口以乳腺组织边缘为界，内侧切口以腹中线为界。用组织钳夹起乳腺皮肤，由前向后钝性分离乳腺。前二个乳腺与胸肌及其筋膜联系较紧，不易剥离，后三个乳腺则联系较松，容易剥离。剥离过程中注意止血。剥离完前部的乳腺后用润湿的纱布将裸露的胸肌及筋膜盖住后再继续往下剥离。然后摘除腹股沟淋巴结和腋淋巴结。仔细检查创面，确保未残留乳腺组织。常规缝合皮肤，包扎腹绷带。

（6）术后护理：全身应用抗菌素连续4～6日。保持局部干燥，防止啃咬。

第二十一节　卵巢子宫切除术

（1）适应症：母犬以去势为目的的卵巢子宫摘除术为多用。一般在6个月龄左右为宜。子宫的摘除可预防发生子宫疾病。卵巢囊肿、卵巢肿瘤、化脓性子宫炎、增生性子宫内膜炎等。

（2）器械：一般软组织切开、止血、缝合器械，小钝钩。

（3）保定与麻醉：仰卧保定，四肢张开。全身麻醉。

（4）术部：由脐孔向后做4～10cm长的腹中线切口。

（5）术式：常规切开腹壁各层组织，用食指进行腹腔探查，左右卵巢和子宫角分别位于左右肾脏后方的腰沟内，弯曲指关节将之夹在指与腹壁之间钩出。用食指钩出有困难，可用小钝钩沿食指伸入到子宫处将其钩出。卵巢子宫暴露后，用止血钳夹住子宫卵巢韧带。如果只摘除卵巢时展平子宫阔韧带，在阔韧带的无血管区用一止血钳穿过并带回两条结扎线，向前滑动一条结扎卵巢韧带，向后滑动另一条结扎线结扎止血钳后的输卵管和阔韧带，摘除卵巢。同法摘除另一侧卵巢。如果卵巢子宫一起切除，则先不结扎止血钳后的输卵管和阔韧带，牵拉双侧子宫角显露子宫体，分别在两侧的子宫体阔韧带上穿一条线结扎子宫角至子宫体间的阔韧带，然后将子宫阔韧带与子宫锐性分离；双重钳夹子宫体，分别结扎钳夹钳后方的子宫体壁两侧的子宫动脉、静脉；最后于双钳之间切除子宫体，将子宫连同卵巢全部摘除。常规方法闭合腹壁，装腹绷带。

（6）术后护理：在犬半清醒时防止摔跌。术后观察数小时，防止结扎松脱或不牢固性出血。若怀疑腹内出血，可经腹腔穿刺证实。若腹内出血，应及时打开腹腔止血。

第十二章 症状鉴别诊断

第一节 黏膜黄疸鉴别诊断

黄疸是犬常见症状与体征，其发生是由于胆红素代谢障碍而引起血清内胆红素浓度升高所致。临床上表现为巩膜、黏膜、皮肤及其他组织被染成黄色。因巩膜含有较多的弹性硬蛋白，与胆红素有较强的亲和力，故黄疸患犬巩膜黄染常先于黏膜、皮肤而首先被察觉。

一、分 类

可依据致病因素和发病环节分为四大类型：

（一）溶血性黄疸

又称血液发生性黄疸或滞留性黄疸，是红细胞在血管内或网状内皮系统内过多过快地被破坏，游离出大量血红蛋白，生成大量血胆红素，超过肝脏的转化和排泄能力而滞留于血液内所导致的黄疸。溶血性黄疸有六种病因类型，即传染病溶血性黄疸、侵袭病溶血性黄疸、中毒病溶血性黄疸、遗传病溶血性黄疸、代谢病溶血性黄疸以及免疫病溶血性黄疸。

溶血性黄疸的特征：①可视黏膜苍白、轻度黄染；②急性溶血时伴有发热、呕吐、腹痛等症状；③脾脏肿大；④末梢血网织红细胞增多（骨髓红细胞系统增生活跃）；⑤血清总胆红素浓度升高，以非结合胆红素为主，结合胆红素基本正常或者轻度增加；⑥由于血清中非结合胆红素增高，致使肝细胞摄取结合胆红素的速度加快，故结合胆红素的形成代偿性增加，从胆道排至肠道的结合胆红素亦增加，肠道中尿胆原增加，最终导致尿中排出的尿胆原增加（"肠肝循环"中回到肝脏的尿胆原增加的结果）；⑦粪便中排出的粪胆原增加；⑧尿中胆红素阴性（非结合胆红素不溶于水，不能从肾脏排出）。

（二）肝源性黄疸

又称实质性黄疸或肝细胞性黄疸，简称肝性黄疸，是肝脏受到损伤，肝细胞变性、坏死，制造和排泄胆汁的功能减退所导致的黄疸。肝源性黄疸有四种病因类型，即传染病肝性黄疸、侵袭病肝性黄疸、中毒病肝性黄疸、遗传病肝性黄疸。

肝源性黄疸的特征：①中度或重度黄染，血液中总胆红素浓度增高；②非结合和结合胆红素都增高；③尿中胆红素呈阳性反应；④尿胆原和粪胆原的多少，取决于肝细胞损害与毛细胆管阻塞程度，如果毛细胆管阻塞时，则尿中尿胆原及粪中粪胆原含量减少，无毛细胆管阻塞时，则尿中尿胆原含量增加，粪中粪胆原含量正常（尿中尿胆原增加的原因是肠肝循环中吸收入门静脉的尿胆原，因为肝细胞受损后，将其处理为结合胆红素的能力降低，故较多的尿胆原便进入体循环而导致尿中尿胆原增加）；⑤肝功能受损的血清学试验不同程度异常；⑥肝脏肿大变性坏死萎缩导致门静脉高压、腹水等病变和体征。

（三）阻塞性黄疸

又称机械性黄疸或胆道梗阻性黄疸，是由外力压迫胆管，使胆道狭窄以至阻断，梗阻前侧胆压不断增高，所有胆管渐次扩大，最后造成胆小管破裂，胆汁直接或经由淋巴系统反流至体循环所致发的黄疸（反流性或回逆性黄疸）。

阻塞性黄疸的特征：①可视黏膜中度黄染，常伴有皮肤瘙痒；②尿色深，粪便颜色变浅，肝外胆道完全阻塞时粪便呈白陶土色；③血清总胆红素增高，以结合胆红素增高为主；④尿中尿胆原减少或者缺加；⑤尿中胆红素阳性；⑥血清碱性磷酸酶、γ-谷氨酰转肽酶和总胆固醇增高，脂蛋白-X阳性。

（四）混合性黄疸

多种发病环节综合作用导致的黄疸。例如，在阻塞性黄疸，由于其严重性及长期性，常导致肝细胞病变而继发肝性黄疸。在溶血性黄疸，因贫血、缺氧和红细胞崩解产物的毒性作用，肝细胞受损而继发肝性黄疸；同时因胆汁黏度增加及大量胆红素的排泄，形成胆色素结石而继发阻塞性黄疸。肝炎时除发生肝性黄疸外，常伴有胆小管损伤、梗阻及破裂而继发阻塞性黄疸。

二、鉴别诊断思路

临床上遇到显现黄疸体征的病畜时，应首先弄清黄疸的病理类型，确定是溶血性黄疸、肝源性黄疸还是阻塞性黄疸，然后弄清黄疸的具体病因，确定原发病。

（一）确定黄疸的病理类型

黄疸病理类型的确定，主要依据于黄疸病畜各自的临床表现和胆色素过筛检验改变。

胆色素代谢过筛检验

项目	溶血性黄疸	肝源性黄疸	阻塞性黄疸
黄疸指数	增高	增高	增高
樊登白氏试验	间接反应	双相增高	直接反应
血内胆红素	增高	增高	增高
尿内胆红素	无	多	特多
尿内尿胆原	增加	增加	无
粪内尿胆原	增加	不定	无

在临床检查时，应特别注意观察可视黏膜、尿液和粪便的色泽以及腹痛、腹水、肝肿大、脾肿大等溶血体征、肝病体征和胆道阻塞体征。

在临床检验上，应特别注意分析黄疸指数、樊登白氏定性试验、樊登白氏定量试验（血内胆红素测定）、尿内胆红素检验、尿内尿胆原测定、粪内尿胆原测定等胆色素代谢过筛检验结果。

对临床上显现黄疸的病畜，应特别注意观察可视黏膜的色泽，着重肝、胆等脏器的体检，并进行六项胆色素代谢过筛检验。

其可视黏膜苍白并黄染，伴有脾肿大、血红蛋白血症、血红蛋白尿症、红细胞参数（RBC、Hb、PCV）减少、骨髓再生反应活跃等急慢性溶血体征和检验所见的，应考虑是溶血性黄疸。

其可视黏膜黄疸并潮红（黄红），伴有肝肿大、腹水、肝功能改变等肝病体征和检验所见的，应考虑是肝源性黄疸，即实质性黄疸。

其可视黏膜深黄，伴有腹痛、黏土粪、皮肤瘙痒、心动徐缓、尿色深黄等胆道阻塞体征和检验所见的，应考虑是阻塞性黄疸。

对以上三种病理类型黄疸的确诊，还必须依据樊登白氏定性、定量、尿内胆红素检验、尿和粪内尿胆原等六项胆色素代谢过筛检验结果。

其黄疸指数增高、樊登白氏试验呈间接反应、血内胆红素增高、尿内无胆红素、尿和粪内尿胆原均增加的，可确认为溶血性黄疸（滞留性黄疸）。

其黄疸指数增高、樊登白氏试验呈双相反应、血内胆红素增高、尿内胆红素增多、尿内尿胆原增加而粪内尿胆原不定的，可确认为实质性黄疸（滞留性黄疸并反流性黄疸）。

其黄疸指数增高、樊登白氏试验呈直接反应、血内胆红素显著增高、尿内胆红素特多、尿和粪内无尿胆原的，可确认为阻塞性黄疸（反流性黄疸）。

（二）确定黄疸的病因类型

黄疸病理类型确定以后，应进一步确定各该病理类型黄疸的病因类别。属溶血性黄疸的，应弄清是传染病溶血性黄疸、侵袭病溶血性黄疸、中毒病溶血性黄疸、遗传病溶血性黄疸、代谢病溶血性黄疸，还是免疫病溶血性黄疸。属肝源性黄疸的，应进一步弄清是传染病肝性黄疸、侵袭病肝性黄疸、中毒病肝性黄疸，还是遗传病肝性黄疸。属阻塞性黄疸的，应进一步弄清是胆结石、蛔虫等所致的胆管内阻塞，胆管炎、胆管癌、胆管狭窄、先天性胆管闭锁、乏特氏壶腹溃疡、俄狄氏括约肌痉挛等所致的胆管壁阻塞，还是胰头癌、肝癌、慢性胰腺炎、总胆管周围有粘连物等邻近器官疾病所致的胆管外阻塞。

（三）确定黄疸的原发病

黄疸病理类型和病因类别确定之后，应弄清其原发病，依据具体原发病各自的示病症状、证病病变和特殊检验所见进行论证诊断，最后加以确认。

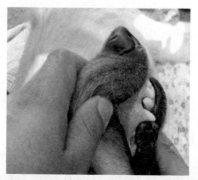

犬中毒引起的黄疸

三、常见疾病的诊断与治疗

（一）犬洋葱中毒

洋葱中含有正丙基二硫化物，对犬来讲是毒物，它可氧化血红蛋白，形成海恩茨氏小体，含有大量此种小体的红细胞可被网状内皮系统细胞吞噬而引起贫血，同时可损害骨髓。实验证实，给犬投喂一个中等大小的熟洋葱或连续投喂混有洋葱汁的熟食，红细胞内即可发现海恩茨氏小体，7 ～ 10 日发生严重贫血。犬的洋葱内服中毒剂量为 15 ～ 20g/kg 体重，给犬饲喂洋葱和葱汁的熟食可发生中毒。

1. 诊断要点

根据发病史、病犬临床表现及实验室检验判断。实验室检验：（1）血液检查。血液随中毒程度轻重，逐渐变得稀薄，红细胞数、血细胞比容和血红蛋白减少，白细胞数增多，红细胞内或边缘上有海恩茨氏小体。（2）尿液检查。尿液颜色呈红色或红棕色，比重增加，尿潜血、蛋白和尿血红蛋白检验阳性，尿沉渣中红细胞少见或没有。可诊断为食洋葱中毒。

中毒犬的症状分两种：

急性中毒　一般在食后 1 ～ 2 天发病。出现明显的红尿，尿的颜色深浅不一，从浅红色、深红色至黑红色。严重中毒者，犬的尿液呈咖啡色或酱油色，食欲下降、精神沉郁、心悸亢进、呕吐、腹泻，治疗不及时，可能导致死亡。

慢性中毒　多见于长期饲喂含有少量洋葱或葱汁的犬，常呈轻度贫血和黄疸。

2. 防治措施

一旦发现犬食洋葱中毒，首先应立即停喂洋葱或大葱。可应用抗氧化剂 VE 保护血红蛋白，阻止海恩茨氏小体形成；采取支持疗法，进行补液，补充营养；给以适量利尿剂，促进体内变性血红蛋白排出，同时使用一定量的抗生素，防止机体抵抗力下降而发生继发性感染。贫血严重的可选用补血药物，当然，最好进行静脉输血，可获得较好的疗效。

（二）肝　炎

犬肝炎是中毒性和传染性因素侵害肝实质所致的一类肝脏疾病，其特征为肝细胞炎症、变性、坏死，发生黄疸、消化机能障碍。

1. 诊断要点

在致病因素的作用下，肝组织炎性病变，肝细胞变性、坏死和溶解，引起肝脏的代谢和解毒机能严重障碍，胆汁形成和排泄障碍，大量的胆红素滞留，毛细胆管扩张、破裂，从而进入血液和窦状隙，且血液中的胆红素增多，引起黄疸。由于胆汁排泄障碍，血液中胆酸盐过多，刺激血管感受器，反射性地引起迷走神经中枢兴奋，心率减慢；并因排泄到肠内的胆汁减少或缺乏，既影响脂肪的消化和吸收，又使肠道弛缓，蠕动缓慢，故在病的初期便秘。继而肠内容物腐败分解过程加剧，脂肪吸收障碍，发生腹泻，粪色灰淡，有强烈臭味；并因肠道中维生素 K 的合成与吸收减少，凝血酶原降低，故形成出血性素质。

肝细胞变性、坏死引起肝脏糖代谢障碍，肝脏既不能充分利用随门静脉运入肝脏的葡萄糖合成糖原，同时糖原的分解也减少，结果使 ATP 生成不足，而且使血液中脂类和乳酸含量增多。血糖降低使脑组织因能量供应不足，且肝细胞变性、坏死，引起氨基酸的脱氨基及尿素合成障碍，使血氨含量增高，氨扩散入脑，并与三羧酸循环中的 α—酮戊二酸结合产生谷氨酸，继而生成谷氨酰胺。由于 α—酮戊二酸减少，三羧酸循环障碍，影响脑细胞的能量供应，而出现肝性昏迷。由于 ATP 生成不足，难以维持机体生命活动的需要，在神经—体液因素的调节下，大量脂肪组织分解，脂肪运至肝脏。由于缺乏肝糖原，草酰乙酸也减少或缺乏，所以脂肪分解形成的乙酰辅酶 A 也难以进入三羧酸循环而彻底氧化。在脂类含量增高的同时，脂肪分解代谢相应加强，产生多量酮体，使机体中酮体和乳酸含量增加，致使机体发生酸中毒。

临床上主要表现为食欲不振或者拒食，粪便干燥或者稀，有异臭，颜色变浅。眼结膜充血或者苍白并黄染，体温原发性 40℃以上，继发性则无变化，触诊肝大，叩诊疼痛。

原发性：体温 40℃以上，食欲废绝，精神沉郁。拱腰，右肋区叩诊疼痛。粪便时干时稀，有异臭，粪便颜色变浅。在最后肋弓触诊可以感到肝肿大，严重时超过肋弓 2～3cm，按压疼痛。眼结膜充血，黄染。

继发性：多数呈慢性，体温不升高，眼结膜苍白或者树枝状充血并黄染。食欲减退，反刍减少，精神不振，触诊肝肿大，叩诊疼痛。同时表现原发病症状。

2. 防治措施

加强饲养管理，停止喂给霉败饲料和有毒的饲草，有寄生虫的进行驱虫。兴奋的家畜使其保持安静，饲喂富含维生素易消化的饲料。

治疗原则是排除病因，加强护理，保肝利胆，清肠止酵，促进消化机能。

保肝利胆：25% 葡萄糖注射液 500～1000ml、5% 维生素 C 注射液 30ml、10% 安纳伽 30ml 静注，2 次 /d。为保肝解毒，用 20% 肝泰乐 50～100ml 静注。

清肠止酵：可用硫酸钠（或硫酸镁）300g，鱼石脂 20g，酒精 50ml，常水适量，内服。

第二节　黏膜苍白鉴别诊断

可视黏膜苍白是贫血的指征，临床上恒见于贫血。贫血是指周围血液在单位容积中的红细胞、血红蛋白量低于实测参考值的下限。在临床上是一种最常见的病理状态，主要表现是皮肤和可视黏膜苍白，心率加快，心搏增强，肌肉无力及各器官由于组织缺氧而产生的各种症状。

一、分　类

由于依据不同，贫血的分类方法也不同。

（一）根据平均红细胞体积（MCV）和平均红细胞血红蛋白浓度（MCHC）分类

（1）正细胞正色素性贫血：MCV正常，MCHC正常。见于再生障碍性贫血、失血性贫血等。

（2）小细胞低色素性贫血：MCV减少，MCHC减少。见于缺铁性贫血。

（3）大细胞大色素性贫血：MCV增加，MCHC正常。见于缺叶酸、维生素B_{12}引起的贫血。

（二）根据骨髓增生的情况分类

（1）骨髓增生性贫血：如失血性贫血、溶血性贫血。

（2）骨髓增生不良性贫血：如再生障碍性贫血。

（三）根据病因及发病机制分类

（1）失血性贫血：属于急性失血的，有各种创伤，内脏破裂，血管破裂；急性出血性疾病，如华法令、血小板减少性紫癜等。属于慢性失血的，有胃肠寄生虫病，如钩虫病、圆线虫病、血矛线虫病、球虫病等；胃溃疡、慢性血尿，血友病等。

（2）溶血性贫血：属于急性溶血性贫血的，有细菌感染，如钩端螺旋体病、溶血性梭菌病；血液寄生虫病，如血孢子病、锥虫病等；抗原抗体反应，如新生畜溶血病等；溶血毒，如蛇毒、野洋葱、酚噻嗪、铅、铜等；物理因素，如大面积烧伤等。属于慢性溶血的，有血液寄生虫病，如附红细胞体病、血巴尔通氏体病；抗原抗体反应，如红斑狼疮、自体免疫性溶血性贫血、白血病、边虫病等。

（3）营养性贫血：属于血红素合成障碍的，有铁缺乏、铜缺乏、维生素B_6缺乏等。属于核酸合成障碍的，有维生素B_{12}缺乏、钴缺乏、叶酸缺乏和烟酸缺乏。属于珠蛋白合成障碍的，有蛋白质合成不足，赖氨酸不足等。

（4）再生障碍性贫血：属于骨髓受细胞毒性损伤的，有放射线、化学毒、植物毒、真菌毒素。属于感染因素的，有鼻疽等。

二、鉴别诊断思路

诊断贫血的指标，临床最常用的是红细胞、血红蛋白、红细胞压积、红细胞象及骨细胞象。前三项是辨别贫血与否的不可缺少的基础指标，任何一项或三项都低于正常值，即可认为是贫血。后两者是用以进一步判断贫血性质和判定贫血程度的指标，视需要和条件，酌情选用。

临床上遇到贫血的病例，通常了解起病情况、可视黏膜颜色、体温高低、病程长短、血液学检查结果和骨髓象，并按照如下思路进行诊断。

突然发病，应先考虑急性出血性疾病和溶血性疾病。伴有黄疸的，考虑急性溶血性黄疸，不伴有黄疸的考虑外出血和内出血，进一步进行临床检查和特殊检查。伴有黄疸的急性贫血，再考虑是否伴有发热，伴有发热的考虑传染性或寄生虫性黄疸，根据病史、临床症状和流行病学，进行相应的病原学诊断；不伴有发热的，主要考虑中毒性疾病和营养代谢病，根据临床症状和流行病学，进行相应的营养素或毒物的检测。

病程较长，可视黏膜逐渐苍白伴有黄染，没有血红蛋白血症的，考虑慢性溶血性贫血和失血性贫血；再考虑是否伴有发热，伴有发热的，考虑感染性疾病；不伴有发热的，考虑慢性出血性贫血和中毒性贫血。

起病隐袭，病程缓长的，可视黏膜逐渐苍白的病例，考虑慢性失血性贫血和红细胞生成不足性贫血，后者包括再生性贫血和营养性贫血。在这种情况下，病情复杂交错，必须配合各项过筛检验，首先确定其形态学分类和再生反应上的分类位置，以指示诊断方向。

伴有黏膜苍白的疾病

疾病	主要症状
Ⅰ 溶血性贫血疾病	
1. 贫血病	黏膜苍白、黄疸、不耐运动、心悸亢进、呼吸促迫、脾肿、血红蛋白尿、血红蛋白血症、消瘦
2. 洋葱中毒	血红蛋白尿、黄疸、呕吐、海蒽茨氏小体、腹泻、胆红素尿、红细胞再生
3. 腔静脉综合征	心脏杂音、血红蛋白尿、深呼吸、黄疸、血红蛋白血症、腹围膨满
4. 梨形虫病	发热、黄疸、黄褐色尿、脾脏肿大、黏膜苍白、消瘦
5. 自体免疫性溶血性贫血	黄疸、呼吸促迫、脾肿、血红蛋白尿、皮肤病变、红细胞抵抗减弱（脆性增高）、红细胞再生
6. 新生仔犬黄疸	血红蛋白尿、黄疸、急死、血红蛋白血症、红细胞抵抗减弱（脆性增高）、新生仔犬疾病
7. 血巴通体病	黄疸、血红蛋白尿、脾肿、红细胞点状物、红细胞再生
Ⅱ 失血性贫血疾病	
1. 钩虫病	黏血便、消瘦、步样跟跄、嗜酸粒细胞增多、食欲减退
2. 鞭虫病	黏血便、消瘦、腹痛、食欲减退、里急后重、脱水
3. 球虫病	黏液便、血便、脱水、发热、食欲废绝、幼龄犬发生
4. 日本血吸虫病	里急后重、黏血便、发热、食欲不振、腹水
5. 苄丙酮香豆素钠（华法令）中毒	出血性素质、血便、血尿、心衰、呼吸困难
6. 急性大肠炎	腹泻、里急后重、脱水、血便
7. 附红细胞体病	发热、贫血、黄疸、呕吐、腹泻、便血、脱水
8. 胃出血	吐血、血便、消瘦、皮下浮肿、胸水、腹水
9. 全身性红斑狼疮	发热、多发性关节炎、血小板减少、黏膜出血斑、皮肤黏膜红斑与溃疡、血尿、咀嚼困难、淋巴结肿大、全身性红斑狼疮（LE）细胞
10. 弥漫性血管内凝血	出血倾向、溶血、肝肾机能障碍、血小板减少、低纤维蛋白血症

续表

疾病	主要症状
Ⅲ其他原因所致的贫血疾病	
1. 铅中毒	呕吐、腹泻、腹痛、神经症状
2. 血小板减少症	出血倾向、紫癜、鼻出血、眼前房出血、吐血、便血、血小板减少
3. 白血病	消瘦、食欲不振、发热、淋巴结肿大、脾肿
4. 骨髓瘤	出血性素质、跛行与疼痛、麻痹、消瘦、老龄犬、高蛋白血症、高钙血症、蛋白尿
5. 维生素 B_6 缺乏症	痉挛发作、皮炎、舌炎、口炎、消瘦

犬黏膜苍白

三、常见疾病的诊断与治疗

（一）犬附红细胞体病

附红细胞体病为附红细胞体寄生于人和动物红细胞表面、血浆及骨髓中引起的一种人畜共患的传染病。临床特点以发热、贫血、黄疸、肝脾肿大为主，极易误诊为病毒性肝炎、溶血性贫血、免疫风湿病、败血症、支原体感染等。

1. 诊断要点

本病以贫血、黄疸、发热为基本特征。人和动物多呈隐性经过是附红细胞体常被人们忽视的重要原因，当外界应激因素和病原体侵入等因造成机体抵抗力下降时，患犬表现精神沉郁，食欲不振，被毛粗乱，明显消瘦，眼结膜发红并可出现小出血点，体温升高至40℃左右。感染严重的患犬由于贫血造成机体体质虚弱，食欲废绝，强制运动时可导致心率、呼吸加快，尿少而色深黄。临床检查可视黏膜黄染，体温升高至41℃左右，大多数感染严重的患犬伴有呕吐、腹泻等急性胃肠炎症状，呈现不同程度的脱水和渐进性消瘦。此外，母犬感染本病时多有空怀、流产、弱胎、死胎等繁殖机能障碍。

流行特点、临床症状、病理变化都可作为此病初诊依据。确诊要结合实验室试验进行，取病患畜血液涂片试验，用吖啶黄染色，可在细胞体见附红体。此外，还可用荧光抗体试验、酶联合免疫吸附试验等等，确诊效果也比较显著。此病诊断过程中，各病理变化、临床症状、流行特点等等与焦虫病、无浆体病等等相类似，应该做好鉴别诊断措施，常用血清学试验效果较好。

2. 防治措施

常用的治疗药物有磺胺类药物、四环素、卡那霉素、血虫净、黄色素、新胂凡纳明等。

贝尼尔按每千克体重 3～7mg 用生理盐水配成 5% 溶液深部肌注，1 次 /d，连用 3 次，同时配合维生素 B_{12}、维生素 C，口服丙硫苯咪唑；新胂凡钠明 3～4g 溶于生理盐水或 5% 葡萄糖溶液一次静注；盐酸四环素按每千克体重 5 mg 加入葡萄糖氯化纳溶液中静注，2 次 /d，连用 4d；根据症状配合使用退热药、止血药等。对于病情严重的酌情补液，补充维生素 B 和维生素 C，常量肌肉注射，有并发症的同时应用抗生素；7d 后重复用药 1 次，检查血液中虫体，直至消失为止。磺胺类药物对治疗附红细胞体有较为显著的疗效。

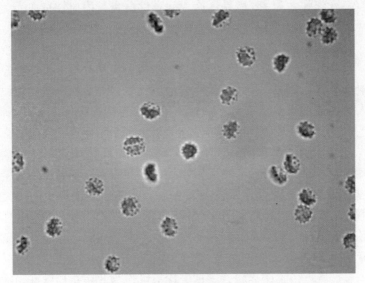

犬附红细胞体病

目前，对附红细胞体病的流行病学和发病机制尚未十分清楚，其生物学分类仍有争议，但根据其发病特点和病原体特性来预防该病的综合措施中，驱除外界蚊、蝇等昆虫和防止疥螨、虱、蜱等体外寄生虫的感染，减少或消除各种不良应激因素的影响均是重要环节。

（二）营养性贫血

本病是一种因长期营养缺乏或不足而引起的一种血液疾病，表现为红细胞数量减少、血红蛋白量降低以及由此而导致机体抗病能力下降等。导致营养性贫血的原因是多方面的，主要是由于长期饲喂量不足或营养成分不全，特别是蛋白质、矿物质（尤其是铁）、维生素 B_{12} 不足；慢性肠道寄生虫病及其他慢性消耗性疾病。

1.诊断要点

病犬日渐消瘦，无力，呼吸困难，被毛粗乱，可视黏膜苍白，心律不齐，心脏听诊有杂音，血液稀薄且凝固性差，四肢有不同程度的浮肿等。进行红血球计数或血红蛋白测定可确诊。

2. 防治措施

针对病因进行分析、治疗。如口服补血糖浆，肌肉注射维生素 B_{12}，补充蛋白质；积极治疗胃肠道疾病及其他消耗性疾病；驱杀肠道寄生虫。此外，还需根据具体症状对症治疗。

（三）脾破裂

脾破裂有脾实质、脾被膜同时破裂发生腹腔内大出血和脾实质破裂两种。脾破裂在临床上多见于继发于某些疾病（肝硬化、慢性疾病的感染、慢性淋巴细胞性白血病等）及外力损伤等。

1. 诊断要点

（1）主要症状：精神萎顿，腹痛，呕吐，可视黏膜苍白，心搏动加快，呼吸急促，腹腔浊音区扩大，腹部穿刺可抽出血液，腹围膨隆甚至呈桶状。

（2）实验室检查：各种血细胞成分迅速减少，骨髓呈增生象，腹腔穿刺液呈红色。

根据左腹肋部外伤、肝硬化病史等，结合临床特征，可以确诊。

2. 防治措施

对脾肿大的病犬，即使治疗原发病也难以使脾脏恢复，最好做预防性脾摘除。如确诊脾发生破裂，则应尽早急救，行脾切除术。

（1）全身麻醉：氯胺酮 10mg/kg 体重肌肉注射，术部 0.5% 普鲁卡因浸润麻醉。

（2）手术方法：犬取右侧位保定，于左腹肋部腰椎横突下十二指处最后肋弓后方二指处，局部剃毛、消毒，向下做 7cm 长的切口，分离皮下组织及各肌层，剪开腹膜。首先吸出腹腔内积血。术者手指伸入腹腔，探查脾脏后牵拉至腹外，同时以右手拇、食指夹住脾蒂暂时止血。然后展开大网膜，将通向脾的血管全部分段结扎，结扎线距脾不得少于 1cm，从中剪断大网膜，将其还纳腹腔，撒青霉素粉，常规关闭腹腔。

术后为防止继发感染及结扎线脱落或血管破裂，应避免运动。为补充血容量，可输血或补液，投予免疫增强剂。

第三节　流涎鉴别诊断

流涎是由于动物唾液分泌异常亢进或吞咽困难使口腔中的分泌物流出口外的一种病理状态。流涎主要是唾液腺受到各种因素刺激的结果。引起流涎的主要疾病有口腔和唾液腺疾病、直接或间接引起口腔炎症或口腔肌痉挛或麻痹的传染病、咽和食道疾病、胃肠道疾病和中毒性疾病。

一、分　类

（一）根据发病机制分为原发性和继发性流涎

（1）原发性流涎主要是因为饲养管理不当，芒刺或尖锐异物损伤腮腺管或颌下腺管，或继而污染化脓菌而发生。

（2）继发性流涎常因邻近器官炎症的蔓延而发生，如口炎、咽炎、喉炎等。也可继发于胃肠疾病、营养代谢性疾病、传染性疾病、寄生虫性疾病、发热性疾病和中毒性疾病等。

（二）根据致病原因不同分为口腔性流涎、消化道性流涎、营养代谢性流涎和中毒病性流涎

1. 口腔性流涎

唾液腺发生损伤后导致唾液腺分泌异常，或由于致病因素导致的口腔黏膜炎症。

2. 消化道性流涎

包括前胃疾病、肠道炎症所引发的流涎。

3. 营养代谢性流涎

由于饲料中营养物质缺乏导致口腔黏膜上皮发育不良，进而发生的流涎。

4. 中毒病性流涎

由于毒物（如重金属、药物）作用于神经中枢，神经信号异常传导，唾液腺分泌异常而导致的流涎。

二、鉴别诊断思路

（一）流涎确认

通过唾液量分泌观察并结合其他临床症状即可确认流涎的发生。

（二）区分原发性还是继发性

若仅表现流涎症状，而全身状态相对良好，体温、脉搏、呼吸等生命指标无大改变，且在改善饲养管理或给予治疗即趋向康复的，为原发性流涎。

除基本症状外，体温、脉搏、呼吸等生命指标亦有明显改变，且在改善饲养管理并给予一般处置后，数日病情仍继续恶化的，为继发性流涎。

（三）区分是否为群体病

要注重流涎性疾病与可导致流涎症状的群发病的鉴别诊断。

凡群体发生的，要着重考虑各类群发病，包括各种传染病、侵袭性疾病、中毒病和营养代谢病，可依据有无传染性、有无相关毒物接触史以及酮体、血钙、血钾等相关病原学和病理学检验结果，按类、分层、逐步加以鉴别和论证。

（四）伴有流涎的疾病

疾病	主要症状
｜口腔内异常疾病	
1. 口炎	咀嚼障碍、口腔恶臭、口黏膜炎症、附属淋巴结肿大
2. 口腔内异物	搔抓颜面部、采食困难、拒绝口腔触诊、口黏膜炎症
3. 舌炎	采食困难、咀嚼困难、吞咽困难、口内恶臭、舌炎症
4. 齿龈炎	齿龈充血肿胀、齿龈出血溃疡、采食困难、咀嚼困难
5. 乳头瘤病	幼龄犬、口内肿瘤、咀嚼障碍、口内恶臭
6. 扁桃体炎	扁桃体炎症、食欲减退、吞咽困难、恶心、拒绝开口

续表

疾病	主要症状
Ⅱ 食道异常疾病	
1. 食道梗塞	咽下困难、呕吐、恶心、不安症状
2. 咽炎	食欲不振、吞咽困难、下颌淋巴结肿大、咳嗽、呼吸困难、呕吐、局部压痛
3. 食道狭窄	咽下困难、呕吐、食欲不振、咳嗽、消瘦、衰弱、X 线变化
4. 食道憩室	食欲减退、消瘦、咽下困难、间歇性呕吐、未消化吐物、X 线变化
5. 咽麻痹	吞咽困难、咳嗽、呼吸困难、咀嚼困难、鸣叫声音变化
6. 食道炎	食欲不振、咽下困难、食物逆流、呕吐、X 线变化
Ⅲ 全身性疾病	
1. 流涎症	吞咽（咽下）障碍
2. 动摇病（运动病）	恶心、呕吐、不安动作、晕车、晕船
3. 急性胃扩张和胃捻转	腹部膨隆、突发、腹痛、呕吐、休克、急死、大型犬、脾脏肿大、胃管不能插入、X 线变化
4. 子痫（产后痉挛）	呼吸促迫和困难、强直性和阵发性痉挛、异常兴奋、结膜发绀、神经过敏、多胎小型犬、发热、低钙血症
5. 神经型犬瘟热	发热、呼吸困难、结膜炎、咳嗽、流鼻液、腹泻、癫痫、硬距、皮肤发疹
6. 癫痫	痉挛发作、意识丧失、尿失禁
7. 异嗜	消瘦、呕吐、腹泻、贫血
8. 破伤风	强直性痉挛、步样强拘、开张姿势、刺激过敏、瞬膜露出、角弓反张、开口障碍、不能步行
9. 狂犬病	流涎、神经症状、麻痹、不安症状、食欲不振、异嗜
10. 中毒性疾病	呕吐、流涎、腹泻、呼吸加快等

犬中毒引起的流涎

三、常见疾病的诊断与治疗

（一）口 炎

口炎是口腔炎症的总称，包括齿龈炎和舌炎，本病按炎症的性质可分为卡他性、水泡性和溃疡性口炎，临床以卡他性口炎较多见。

1. 诊断要点

病犬拒食粗硬饲料，喜食液状饲料和较软的肉，不加咀嚼即行吞咽或嚼几下又将食团吐出。唾液增多，呈白色泡沫附于口唇，或呈牵丝状流出。炎症严重时，流涎更明显。检查口腔时，可见黏膜潮红、肿胀、口温增高，感觉过敏，呼出气有恶臭。水泡性口炎时，可见到大小不等的水泡。溃疡性口炎时，可见到黏膜上有糜烂、坏死或溃疡。根据病史、病因和临床症状即可确诊。

2. 防治措施

（1）消除病因。拔除刺在黏膜上的异物，修整锐齿，停止口服刺激性的药物。

（2）加强护理。给以液状食物，常饮清水，喂食后用清水冲洗口腔等。

（3）药物治疗。用1%食盐水或2%～3%硼酸液或2%～3%碳酸氢钠溶液冲洗口腔，每日2～3次。口腔恶臭的，可用0.1%高锰酸钾液洗口。唾液过多时，可用1%明矾或鞣酸液洗口。口腔黏膜、舌面糜烂或溃疡时，在冲洗口腔后，用碘甘油（5%碘酒1份，甘油9份），或2%龙胆紫或1%磺胺甘油乳剂涂布创面，每日2～3次。对严重的口炎，可口衔磺胺明矾合剂（长效磺胺粉10g，明矾2～3g，装入布袋内），或服中药青黛散（青黛15g，黄连、黄柏、儿茶、桔梗各10g，薄荷5g）都有较好的疗效。

（二）犬有机磷中毒

有机磷化合物是一种杀虫、驱虫剂，常用的有敌百虫、敌敌畏、蝇毒磷、林丹、乐果等，当用上述药物治疗犬体内、外寄生虫病或喂给农药喷洒的饲料、蔬菜，或饮用农药污染的水，均能引起犬中毒。

1.诊断要点

病犬的症状根据犬体状况和进入体内的药量决定。病犬频频呕吐，流涎，腹泻，呼吸快，呕吐物和排泄物呈大蒜臭味。重症犬口吐白沫，兴奋不安，瞳孔缩小，呼吸困难，后肢麻痹，不能行动，最后多因呼吸中枢麻痹或心力衰竭而死亡。

2.防治措施

（1）发现病犬，立即停喂有机磷杀虫剂污染的食物。经皮肤中毒者，立即用1%肥皂水或4%碳酸氢钠溶液洗涤皮肤。经口中毒者，可用上述溶液洗胃或灌肠，如为敌百虫中毒，宜用1%醋酸处理。为防止毒物继续吸收，促进毒物排出，可灌服活性炭20～50g，硫酸镁15～20g，但禁用油类泻剂。重症犬静脉注射阿托品0.2～0.5mg/kg体重，每0.5小时一次，直至病情好转。最好用碘解磷定或氯解磷定、双复磷等胆碱酯酶复活剂，碘解磷定或氯解磷定按 20 mg/kg 体重静脉滴注，双复磷按 15 ～ 30mg/kg 体重肌肉或静脉注射。为促进毒物从肾脏排出，大剂量静脉输液，常用葡萄糖生理盐水或林格尔氏液，按 40 ～ 50ml/kg 体重静脉滴注。

（2）甘露醇导泻治疗家犬中毒。据报道，用甘露醇导泻法，治疗家犬误服农药引起的急性中毒，疗效好。在常规催吐、洗胃、应用特效解毒药物以及镇静、补液等对症治疗的同时，给犬以 10 ml/kg 体重灌服 200g/L 的甘露醇，效果优于用 3g/kg 体重灌服 60 ～ 70g/L 的硫酸镁或硫酸钠溶液的治疗效果。

（三）犬肉毒梭菌中毒

肉毒梭菌毒素中毒又名麻痹病，是因食入被肉毒梭菌污染的肉类、饲料及饮水而引起的一种人、畜共患的以运动中枢麻痹和延脑麻痹为特征的疾病。

1. 诊断要点

（1）主要症状：本病的潜伏期主要与毒素的摄入量及体况有关，短者几小时，长者可达数日。病症的严重程度也与摄入的毒素量有关。幼犬较成年犬症状严重。病初患犬站立不稳，行走摇摆，口吐白沫。随病情的发展，从后肢向前肢发生进行性肢瘫，卧地不起，肌肉松弛，对刺激反应减弱，精神沉郁，但神志清醒，体温无明显变化。较有诊断意义的症状是咀嚼和吞咽困难，口流涎，舌脱于口外，呼吸困难逐渐加剧，瞳孔散大，大小便失禁，全身肌肉麻痹而尾部常可有自主活动。患犬最终因膈肌麻痹导致窒息死亡。

（2）类症鉴别：需与本病相区别的疾病有低镁血症、镰刀菌毒素中毒、毒素病、日本乙型脑炎、中枢神经系统急性病等。在初次发现或很少发生本病的地区，由于缺乏认识或经验不足易造成误诊。如能仔细分析病因并结合特殊症状则不难区别。

2. 防治措施

（1）治疗。临床上主要采取清除毒素、特异疗法和对症治疗。

清除毒素：进行洗胃、催吐或灌肠，以清除病犬胃肠内的毒素。

特异疗法：主要用与毒素同型的血清来中和毒素。目前由 C 型毒素引起者较多，故可用 C 型抗毒素（血清）试治。

对症疗法：强心补液，大量静脉滴注 5% 葡萄糖生理盐水并酌情适量加入 10% 氯化钾溶液。大量注射维生素 B 族及维生素 C，同时结合使用抗菌素以抑制肉毒梭菌产生毒素，在病初使用效果较好。缓解瘫痪症状：注射盐酸胍以促进神经末梢胆碱酯酶的释放，可增强肌肉张力，缓解瘫痪症状。

（2）预防。给犬饲喂的肉类及肉制品必须煮透。平时防止犬吃食腐败的肉食。

第四节　呼吸困难鉴别诊断

呼吸困难又称呼吸窘迫综合征，是一种以呼吸用力和窘迫为基本临床特征的症候群。它不是一个独立的疾病，而是由许多原因引起或许多疾病伴发的一种临床常见综合征。

呼吸困难表现为呼吸频率、强度、节律和方式的改变。按呼吸困难的原因和其表现形式，分为吸气性呼吸困难、呼气性呼吸困难和混合性的呼吸困难。

一、分类

呼吸困难以发病原因和其表现形式作为主要分类标志，可分为三大类别，即吸气性呼吸困难、呼气性呼吸困难和混合性呼吸困难。

（一）吸气性呼吸困难

表现吸气性呼吸困难的疾病较多，主要涉及鼻、鼻副窦、喉、气管、主支气管等上呼吸道。其双侧鼻孔流黏液脓性鼻液的，有各种鼻炎。其单侧鼻孔流腐败性鼻液的，有颌窦炎、额窦炎、喉囊炎等副鼻窦炎。其不流鼻液或只流少量浆液性鼻液的，有鼻腔肿瘤、息肉、异物等造成的鼻狭窄；喉炎、喉水肿、喉偏瘫、喉肿瘤等造成的喉狭窄；气管塌陷、气管水肿即气管黏膜及黏膜下水肿所致围栏肥育牛喇叭声综合征，以及甲状腺肿、食管憩室、淋巴肉瘤、脓肿等造成的气管狭窄。特征为吸气期显著延长，辅助吸气肌参与活动，并伴有特异性的吸入性狭窄音。

（二）呼气性呼吸困难

表现呼气性呼吸困难的疾病很少，主要涉及下呼吸道狭窄即细支气管的通气障碍和肺泡组织的弹性减退。其急性病程的，有弥漫性支气管炎和毛细支气管炎；其慢性病程的，有慢性肺气肿等。特征为呼气期显著延长，辅助呼吸肌（主要为腹肌）参与活动，腹部有明显的起伏动作。

（三）混合性呼吸困难

表现混合性呼吸困难的疾病很多，涉及众多器官系统，包括除慢性肺泡气肿以外的肺和胸膜疾病；腹膜炎、胃肠膨胀、遗传性膈肌病（膈肥大）、膈疝等膈肌运动障碍性疾病；心力衰竭以及贫血、血红蛋白异常等障碍血气中间运载的疾病；氰氢酸中毒等障碍组织呼吸的疾病；各种脑病、高热、酸中毒、尿毒症等障碍呼吸调控的疾病。特征为吸气呼气均发生困难，常伴有呼吸次数增加现象。根据混合型呼吸困难发生的原因和机理可以分为以下 7 种基本类型。

1. 肺源性呼吸困难

即换气障碍性气喘，包括非炎性肺病和炎性肺病等各种肺病时因肺换气功能障碍所致的呼吸困难。属于非炎性肺病的，有肺充血、肺水肿、肺出血、肺不张（膨胀不全）、急性肺泡气肿、慢性肺泡气肿和间质性肺气肿；还有以肺水肿、肺出血、急性肺泡气肿和间质性肺气肿为病理学基础的黑斑病甘薯中毒、白苏中毒、安妥中毒等中毒性疾病。属于炎性肺病的，有卡他性肺炎、纤维素性肺炎、出血性肺炎、化脓性肺炎、坏疽性肺炎、硬结性肺炎；还有以这些肺炎作为病理学基础的霉菌性肺炎、细菌性肺炎、病毒性肺炎、支原体肺炎、丝虫性肺炎、钩虫性肺炎、原虫性肺炎等各种传染病和侵袭病。

2. 心源性呼吸困难

即肺循环淤滞，组织供血不足性呼吸困难，系心力衰竭尤其左心衰竭的一种表现，概为混合性呼吸困难，运动之后更为明显。见于心肌疾病、心内膜疾病、心包疾病的重症和后期，还见于许多疾病的危重濒死期，恒伴有心力衰竭固有的心区病征和全身体征。

3. 血源性呼吸困难

即气体运载障碍性呼吸困难，系红细胞、血红蛋白数量减少和做血红蛋白性质改变，载氧、释氧障碍所致。运动之后更为明显，恒伴有可视黏膜和血液颜色的一定改变，见于各种原因引起的贫血（苍白、黄染）、异常血红蛋白分子病（鲜红，红色发绀）、家族性高铁血红蛋白血症（褐变）等。

4. 中毒性呼吸困难

因毒物来源不同，又可分为内源性和外源性中毒。内源性中毒见于各种原因引起的代谢性酸中毒，引起血液 pH 降低，间接或直接兴奋呼吸中枢，表现为深而大的呼吸困难。见于尿毒症、酮血症。此外由于高热，代谢加强，以及血中毒性产物的作用，可刺激呼吸中枢引起呼吸困难。外源性中毒见于某些化学毒物中毒影响血红蛋白，从而造成组织缺氧，出现呼吸困难。见于亚硝酸盐、氢氰酸、CO 中毒。

5. 神经性和中枢性呼吸困难

由于颅内压增高和炎性产物刺激呼吸中枢，引起呼吸困难。见于脑部疾病、破伤风等。

6. 腹压增高性呼吸困难

腹原性呼吸困难，表现为胸式混合性呼吸困难，系腹、膈疾病如急性弥漫性腹膜炎、胃肠臌胀、腹腔积液、膈肌病、膈疝、膈痉挛、膈麻痹等所致。

7. 空气稀薄性呼吸困难

是大气内氧气贫乏所致的呼吸困难，如高山不适应症以及牛胸病，表现为混合型呼吸困难。

二、鉴别诊断思路

（一）吸气困难的类症鉴别

特征为吸气延长而用力，并伴有狭窄音（哨音或喘鸣音），是吸气性呼吸困难。吸气困难这一体征，指示的诊断方向非常明确，即病在呼吸器官，在上呼吸道通气障碍，在鼻腔、喉腔、气管或主支气管狭窄。可造成上呼吸道狭窄而表现吸气困难的疾病较多，主要依据鼻液，包括鼻液之有无和数量，鼻液的性质和单双侧性，进行定位。

（1）单侧鼻孔流污秽不洁腐败性鼻液，且头颈低下时鼻液涌出的，应注意鼻副窦疾病，如鼻窦炎、额窦炎。然后依据具体位置检查的结果确定。

（2）双侧鼻孔流黏液脓性鼻液，并表现鼻塞、打喷嚏等鼻腔刺激症状。主要考虑各种鼻炎以及以鼻炎为主要症状的其他疾病。呈散发的，有感冒、腺疫、鼻腔鼻疽、牛恶性卡他热（东北地区）等。呈大批流行的，有流感、牛变应性鼻炎（夏季鼻塞）、传染性上呼吸道卡他、牛恶性卡他热等。

（3）不流鼻液或只流少量浆液性鼻液。应注意造成鼻腔、喉气管等上呼吸道狭窄的其他疾病。可轮流堵上单侧鼻孔，观察气喘的变化，以了解上呼吸道狭窄的部位。堵住单侧鼻孔后气喘加剧，指示鼻腔狭窄，见于鼻腔肿瘤、息肉、鼻腔异物等。堵住单侧鼻孔后气喘有所增重，指示喉气管狭窄，急性见于喉炎、喉水肿、气管水肿、甲状腺肿、食管憩室、纵隔肿瘤等造成的喉气管受压；慢性见于喉偏瘫、喉肿瘤和气管塌陷等。

（二）呼气困难的类症鉴别

特征为呼气延长而用力，伴随胸、腹两段呼气而在肋弓部出现"喘线"（息痨沟），多由于肺泡弹力减退和下呼吸道狭窄。慢性病程呈散发的，见于慢性肺泡气肿；呈群发的，见于慢性阻塞性肺病。急性病程，表现气喘轻、咳嗽重、鼻汁多，听诊有大中小水泡音的，见于弥漫性支气管炎；表现气喘重、咳嗽轻、鼻汁少，听诊有捻发音和小水泡音的，见于毛细支气管炎。

（三）混合型呼吸困难的类症鉴别

特征为呼气、吸气均用力，吸气、呼气的时间均缩短或延长，绝大多数为呼吸浅表而疾速，极个别为呼吸深长而缓慢，但吸气时听不到哨音，呼气时看不到喘线。

在对混合性呼吸困难病畜进行类症鉴别时，首先要看呼吸式和呼吸节律有无改变。混合性呼吸困难伴有呼吸式明显改变的，表明胸腹原性气喘。伴有胸式呼吸的，提示病在腹和膈。其次看肚腹是否膨大，肚腹膨大的，要考虑胃肠膨胀（积食、积气、积液）、腹腔积液（腹水、肝硬化、膀胱破裂）、腹膜炎后期等；肚腹不膨大的，要考虑腹膜炎初期（腹壁触痛、紧缩）、膈疝（腹痛）、膈肌麻痹以及遗传性膈肌病（遗传性疾病）等，最后逐个加以论证诊断和病因诊断。伴有腹式呼吸的，提示病在胸和肋。再看两侧胸廓运动有无对称性和连续性。其左右呼吸不对称的，要考虑肋骨骨折和气胸；断续性呼吸的，要考虑胸膜炎初期；单纯呼吸浅表、快速而用力的，要考虑胸腔积液或胸膜炎中后期（渗出性胸膜炎），最后逐个进行论证诊断和病因诊断。

病畜伴有呼吸节律的明显改变，呼吸深长而缓慢，并出现陈—施二氏呼吸、毕欧特氏呼吸和库斯茂尔氏呼吸的，常指示属中枢性气喘。其神经症状明显的，要考虑各种脑病，如脑炎、脑出血、脑肿瘤、脑膜炎等；表现严重的全身症状则考虑全身性疾病（尿毒症、高热病、药物中毒）的危重期，最后逐个进行论证诊断和病因诊断。

病畜伴有明显心衰体征（脉搏不感于手，黏膜发绀，静脉怒张，皮下浮肿等）的，常提示心力衰竭（尤其是左心衰竭）引起肺循环淤滞的表现。对这样的病畜，要着重检查心脏。

病畜伴有可视黏膜潮红、静脉血色鲜红、极度呼吸困难并为闪电病程的，考虑氰氢酸和 CO 中毒；同样的病征，但病畜静息不明显，运动后显著呼吸困难并为取慢性病程的，常提高原反应和异常血红蛋白血症。

病畜伴有呼吸特快，每分钟呼吸数多达 80 ～ 160 次（牛通常不超过 40 ～ 60 次）的，常提示非炎性肺病，要考虑肺充血、肺水肿、肺出血、肺气肿以及肺不张，可依据肺部听、叩诊结果和鼻液性状改变，逐个鉴别并查明病因。

表现为呼吸困难的疾病

疾病	主要症状
Ⅰ肺性呼吸困难疾病	
1.肺炎	发热、咳嗽、易疲劳、消瘦
2.支气管肺炎	发热、咳嗽、流鼻液、肺部啰音、呼吸促迫
3.传染性气管支气管炎	咳嗽、呕吐、发热、食欲不振、流鼻液、肺部啰音
4.肺水肿	咳嗽、发绀、张口呼吸、发热、粉红色泡沫性咳痰
5.嗜酸粒细胞性肺炎	咳嗽、肺部湿啰音、发热、食欲减退、嗜酸粒细胞增多
6.肺内出血	咯血、咳嗽、发绀
7.咯血	咳嗽、发热、外伤
8.肺肿瘤	易疲劳、食欲不振、咳嗽、胸水
9.放线菌病	皮下顽固性肉芽肿、消瘦、胸膜炎、发热
10.诺卡放线菌病	皮下结节和溃疡和脓肿、唾液腺结节和脓肿、淋巴结肿大、腹水、肝脾肿大、神经症状
11.球孢子菌病	咳嗽、发热、腹泻、跛行、消瘦、皮肤脓肿和溃疡
12.结核病	消瘦、慢性咳嗽、淋巴结肿大、嗜眠、皮肤溃疡、跛行、微热
Ⅱ上呼吸道性呼吸困难疾病	
1.气管虚脱	咳嗽、发绀、肥胖、发热、小型短头犬
2.咽麻痹	吞咽困难、流涎、咳嗽、咀嚼困难、鸣叫声音变化
3.喉水肿	发绀、高热、急死、短头种犬多发
4.软腭异常	呼吸时有杂音、恶心、流鼻液、肺炎、短头种

续表

疾病	主要症状
Ⅲ 心性呼吸困难疾病	
1. 犬丝虫病	咳嗽、不耐运动、贫血、浮肿、腹水、血红蛋白尿、皮炎、失神、咯血
2. 肺原性心脏病	全身性淤血、不耐运动、腹式呼吸、漏斗胸、浮肿、发绀
3. 动脉导管未闭	不耐运动、心脏杂音、发绀、左前胸部振颤、红细胞增多
4. 心房中隔缺损	心悸亢进、发绀、缩期杂音
5. 肺动脉瓣口狭窄	发育延迟、不耐运动、颈静脉怒张、腹水、肝脏肿大、缩期杂音、胸壁振颤
6. 心室中隔缺损	发绀、不耐运动、失神、胸部振颤、颈静脉搏动明显、心脏杂音、红细胞增多、6～9月龄以下的犬
7. 法乐氏四联症	发绀、虚脱、红细胞增多、缩期杂音、右肺2～3肋间振颤
8. 心动过速	脉数增多、失神、无力
Ⅳ 胸性呼吸困难疾病	
1. 气胸	腹式呼吸、发绀、胸壁隆起、不耐运动、肺部鼓音、X线变化
2. 腹水	腹围膨隆、腹部波动感、不耐运动、消瘦
3. 膈疝	腹部缩小、持续站立、咳嗽、疲劳、突然发生、胸部可闻肠音
4. 水胸	呼吸促迫、听叩诊音异常、犬坐姿势、开胸姿势、X线变化
5. 脓胸	高热、贫血、脱水、淋巴结肿大、衰弱、白细胞增多
6. 纵隔气肿	食欲不振或废绝、发绀、皮下气肿、捻发音、呕吐
7. 血胸	呼吸促迫、心音减弱、听叩诊音异常、黏膜苍白、休克、X线变化
8. 乳糜胸	听叩诊音异常、消瘦、脱水、多饮多渴、X线变化
Ⅴ 全身性疾病性呼吸困难疾病	
1. 犬瘟热	发热、结膜炎、咳嗽、流鼻液、腹泻
2. 子痫（产后痉挛）	多胎小型犬、神经过敏、全身性痉挛、流涎、异常兴奋、黏膜充血
3. 热射病	体温异常升高、黏膜充血、瞳孔散大、起立困难、痉挛、搐搦、红细胞压积容量增高

续表

疾病	主要症状
V 全身性疾病性呼吸困难疾病	
4. 新生仔犬疱疹病毒感染	新生仔犬、急死、食欲废绝、腹泻、腹部压痛、神经症状
5. 肥大性骨关节病	咳嗽、四肢对称性肿胀和疼痛、跛行、肺病变、长骨肥大
6. 胸膜炎	呼吸浅表急速、咳嗽、发热、发绀、胸膜摩擦音、胸部压痛
7. 淋巴肉瘤	体表淋巴结肿大、腹泻、腹腔内肿瘤、皮肤小结节、食欲不振、消瘦
8. 输血反应	眼睑潮红、流涎、兴奋、呕吐、血红蛋白尿、虚脱

犬呼吸困难，可视黏膜发绀

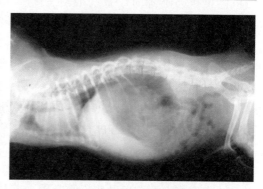

心脏扩张引起呼吸困难

三、常见疾病的诊断与治疗

（一）支原体病

支原体又称霉形体，是一种介于细菌与病毒之间的能独立生活的微小生物，没有细胞壁，仅有细胞膜。多数支原体栖居于动物口腔、呼吸道以及泌尿道。本病传染源主要是病畜及隐性带菌的动物（包括犬）。经呼吸道感染。

1. 诊断要点

支原体主要引发上呼吸道及肺的病变，表现体温升高、咳嗽及呼吸困难、急促等肺炎症状。

根据临床症状可做出初步诊断，确诊需做病原学检查。

2. 防治措施

对病犬死尸进行深埋，犬舍消毒。由于支原体缺乏细胞壁，所以对影响细菌细胞壁合成的抗菌素不敏感，仅对影响细菌蛋白质合成的抗菌素敏感。故应用链霉素、硫酸阿米卡星、小诺霉素、四环素、氯霉素等，可收到一定效果。

（二）支气管性肺炎

支气管肺炎是指细支气管及肺泡的炎症。支气管肺炎多为继发性疾病，发生在犬瘟热、犬腺病毒病、犬疱疹病毒病等的过程中，当机体抵抗力下降时，某些细菌（化脓杆菌、肺炎球菌、巴氏杆菌、葡萄球菌等）大量繁殖，以致本病。多见于幼龄犬和老龄犬。

1. 诊断要点

病犬全身症状明显，精神沉郁，食欲减退或废绝，眼结膜潮红或蓝紫，脉搏增数，呼吸浅表且快，甚至呈呼吸困难的。体温升高，但时高时低，呈弛张热型。病犬流鼻涕咳嗽胸部听诊，可听到捻发音，胸部叩诊有小片浊音区。

2. 防治措施

（1）消除炎症。消炎常用抗生素，如青霉素、四环素、土霉素、红霉素、卡那霉素及庆大霉素等。若与磺胺类药物并用，可提高疗效。

（2）祛痰止咳。对频发咳嗽，分泌物黏稠时，选用溶解性祛痰剂，如氯化胺 0.2～1g/次。痰易净（咳易净）溶液行咽喉部及上呼吸道喷雾，一般用量 2～5ml/次，一日三次。此外，也可用远志酊 10～15ml、桔梗酊（10～15ml/次）等。

（3）制止渗出可促进炎性渗出物吸收。可静注 10% 葡萄糖酸钙，或以 10% 安钠加 2～3ml、10% 水杨酸钠 10～20ml、40% 乌洛托品 3～5ml，混合后静脉注射。

（4）对症治疗。主要是强心和缓解呼吸困难。为了防止自体中毒，可应用 5% 碳酸氢钠注射液等。

（5）提高机体抗病力。加强日常的锻炼，提高机体的抗病能力，避免机械性、化学性因素的刺激，保护呼吸道的自然防御机能，及时治疗原发病。

（三）心力衰竭

心力衰竭是指由于心肌收缩力减弱，以致在静息或轻微活动情况下，心输出量不能满足机体需要，而出现全身机能、代谢、结构等改变的一种病理过程。心脏一时负荷过重，是引起急性心力衰竭最常见的原因，治疗中，输液速度过快或量过多以及继发于某些疾病等都可引起心力衰竭。

1.诊断要点

（1）急性心力衰竭：病犬表现高度呼吸困难，脉搏频数，细弱而不整，不愿活动，黏膜发绀，静脉怒张，突然倒地痉挛抽搐。多并发肺水肿，自两侧鼻孔流出泡沫样鼻液。

（2）慢性心力衰竭：病情发展缓慢，病程可持续数月或数年。病犬精神沉郁，不愿运动。稍加运动，即呈现疲劳、呼吸困难。可视黏膜发绀，体表静脉怒张，四肢末梢常发对称性水肿，触诊呈捻粉样，无热无痛，脉细数，心音减弱，常可听到心内杂音和心律失常。

2.防治措施

（1）加强护理。对急性心力衰竭病犬，应立即令其安静休息，给予易消化吸收的食物。对呼吸困难的犬，应立即进行吸氧补氧。

（2）增强心肌收缩力。对急性心力衰竭病犬，为了急救，应选用速效、高效的强心剂，用洋地黄毒甙注射液（地吉妥辛），用量为 0.006 ～ 0.012mg/kg 体重，静脉注射全效量（于短期内应用足够剂量，使其发挥充分的疗效，此剂量称全效量），维持量为全效量的 1/10。对于病情较重、较急的病例，首次应注射全效量的 1/2，以后每隔两小时注射全效量的 1/10，达到全效量（其指征是心脏情况改善，心率减慢接近正常，尿量增加）后，每日给一次维持量。维持量使用时间的长短，随病情而定，一般需 1 ～ 2 周或更长时间。

毒毛旋花子甙 K，静脉注射后 3～10 分钟可显效，1～2 小时达最大效应，可维持 10～12 小时，犬用量为 0.25～0.5mg/ 次，用葡萄糖溶液或生理盐水稀释 10～20 倍后，缓缓静脉注射，必要时于 2～4 小时后以小剂量重复一次。此外，黄夹甙（强心灵），犬 0.08～0.18mg/ 次，用葡萄糖溶液稀释 10～20 倍后缓慢静脉注射。福寿草总甙（心福甙），犬 0.25～0.5mg/ 次，用葡萄糖注射稀释 10～20 倍，以 6～12 小时的间隔，分 3～4 次缓慢静脉注射，有较好的疗效。

（3）减轻心脏负荷。对出现心性浮肿、水钠潴留的病犬，要适当限制饮水和给盐量，选适当的利尿剂，如双氢克尿噻（0.025～0.1g/ 次，一日 1～2 次），速尿（呋喃苯胺酸，5mg/kg 体重 / 次），一日内服 1～2 次，连用 2～3 日）等有较好疗效。

附录　临床常用药物

一、抗微生物药

1. 抗生素				
1.1 抗革兰氏阳性菌抗生素				
药名	剂量（毫克/千克体重）	间隔时间（小时）	给药途径（注射、口服）	作用范围与用途
青霉素 G（钾或钠）	3～10万单位	6	皮下、肌肉、静脉	大多数革兰氏阳性菌（包括球菌和杆菌）、部分革兰氏阴性球菌、各种螺旋体和放线菌，主治肺炎、气管炎、乳腺炎、子宫炎、坏死杆菌病、炭疽、破伤风、恶性水肿、气肿疽、放线菌病、钩端螺旋体病等，也可用于链球菌病、葡萄球菌病及支原体病等。
新青霉素Ⅰ（甲氧苯青霉素钠）	4～10	6	肌肉	几乎对所有的金黄色葡萄球菌均有杀菌作用，临床上主要用于耐药性金黄色葡萄球菌引起的感染，尤其对犬、猫乳腺炎有较好的疗效。
氨苄青霉素	11～22 2～7	8 24	口服 肌肉	为广谱抗生素，对大多数革兰氏阳性菌和多数革兰氏阴性菌均有效，对肺炎球菌、绿脓杆菌无效。常用于敏感细菌引起的肺部、肠道和泌尿道感染。与庆大霉素、卡那霉素、链霉素合用，可增强疗效（要分开注射）。
羟氨苄青霉素（阿莫西林）	10～15	8	肌肉	与氨苄青霉素相似，但杀菌作用快而强，对肺炎球菌所引起的呼吸道感染有很好疗效。如与强的松等合用，治疗乳腺炎、子宫内膜炎、无乳综合征疗效极佳。
羧苄青霉素（卡比西林）	25	8	肌肉、静脉	对革兰氏阳性菌的作用与氨苄青霉素相似，其特点是对绿脓杆菌、变形杆菌和耐药的金黄色葡萄球菌有效。主要用于治疗烧伤、创伤感染、败血症、腹膜炎、呼吸道和泌尿道感染等。

续表

1. 抗生素				
1.1 抗革兰氏阳性菌抗生素				
药名	剂量（毫克/千克体重）	间隔时间（小时）	给药途径（注射、口服）	作用范围与用途
阿莫西林克拉维酸钾	12.5～25 8.75	12 24	口服 皮下、肌肉	用于治疗犬、猫革兰氏阳性和革兰氏阴性敏感细菌的感染，如皮肤及软组织感染（脓性皮炎、脓肿和肛腺炎），牙感染，尿道感染，呼吸道感染和肠炎。
头孢氨苄（先锋霉素Ⅳ）	15～30	6～12	口服	对金黄色葡萄球菌、溶血性链球菌、大肠杆菌、奇异变形杆菌等有抗菌作用，对绿脓杆菌无效。用于敏感性菌所致的泌尿道、皮肤及软组织等部位感染。
头孢噻吩钠（先锋霉素Ⅰ）	10～35	6～8	肌肉、静脉	抗革兰氏阳性菌，对革兰氏阴性菌和钩端螺旋体也有效，但对绿脓杆菌、结核杆菌、真菌、支原体、病毒、原虫无效。主治耐药金黄色葡萄球菌、革兰氏阴性菌引起的呼吸道、泌尿道炎症，以及乳房炎和手术后的严重感染。
头孢噻呋钠	5	24	肌肉、静脉	主要用于控制犬、猫及其他动物大肠杆菌、奇异变形杆菌引起的泌尿道感染及敏感菌引起的呼吸系统、消化系统感染以及炎症等的治疗。
头孢维星钠	8	14（天）	皮下	兽医专用，主要用于犬、猫。治疗皮肤和软组织感染，对皮肤和皮下创伤、脓肿和脓皮病有效，也可以治疗犬、猫细菌性尿道感染。
头孢噻啶（先锋霉素Ⅱ）	12～16	12	皮下、肌肉	革兰氏阳性菌抗菌作用更强，用于变形杆菌、葡萄球菌、沙门氏菌等引起的呼吸道、泌尿道等严重感染。
头孢唑林钠（先锋霉素Ⅴ）	20～35	8～12	肌肉、静脉	本品的抗菌谱类似头孢噻吩，其特点是对革兰氏阳性菌作用较强。临床上用于敏感菌所致的呼吸道、泌尿道、皮肤及软组织等部位的感染。

续表

1. 抗生素				
1.1 抗革兰氏阳性菌抗生素				
药名	剂量（毫克/千克体重）	间隔时间（小时）	给药途径（注射、口服）	作用范围与用途
头孢拉定（先锋霉素Ⅵ）	20 10	6 6	口服 肌肉、静脉	对耐药性金葡菌及其他多种对广谱抗生素耐药的杆菌等有迅速而可靠的杀菌作用。临床主要用于呼吸道、泌尿道、皮肤和软组织等的感染。
红霉素	5～20	12	口服、静脉	本品抗菌谱与青霉素相似，对各种革兰氏阳性菌有较强的抗菌作用；革兰氏阴性菌中敏感的有流感杆菌、巴氏杆菌、布氏杆菌等。此外，本品对肺炎支原体、立克次体、钩端螺旋体等也有效
林可霉素（洁霉素）	10～22	24	肌肉	本品主要对革兰氏阳性菌有效，对革兰氏阴性菌作用小于其他抗生素。临床上应用于革兰氏阳性菌引起的各种感染，特别适用于耐青霉素、红霉素菌株的感染或对青霉素过敏的犬、猫
乙酰螺旋霉素	25～50 10～25	24 24	口服 肌肉	在体内的抗菌效力优于同类抗生素，特别是对肺炎球菌、链球菌效力更佳。临床上对革兰氏阳性菌、支原体等引起的感染有效。多用于犬、猫呼吸道感染，如肺炎、慢性呼吸道病及各种肠炎等。
1.2 革兰氏阴性菌抗生素				
药名	剂量（毫克/千克体重）	间隔时间（小时）	给药途径（注射、口服）	作用范围与用途
硫酸链霉素	5～10 10～20	12～24 8～12	皮下、肌肉 口服	本品抗菌谱较青霉素广，主要是对结核杆菌和多种革兰氏阴性杆菌（如巴氏杆菌、布氏杆菌、沙门氏菌、鸡嗜血杆菌等）有效；对革兰氏阳性球菌的作用不如青霉素；对钩端螺旋体、放线菌等也有效。临床上主要用于对本品敏感菌引起的急性感染。

续表

1. 抗生素				
1.2 革兰氏阴性菌抗生素				
药名	剂量（毫克/千克体重）	间隔时间（小时）	给药途径（注射、口服）	作用范围与用途
硫酸卡那霉素	20～30 5～10	6～8 12	口服 肌肉	抗菌谱广，主要对革兰氏阴性菌如大肠杆菌、肺炎杆菌、沙门氏菌、变形杆菌、巴氏杆菌等有效。对耐药性金黄色葡萄球菌、链球菌等也有效。主要用于敏感菌引起的各种感染。
丁胺卡那霉素	5	6～8	肌肉、静脉、皮下	本品抗菌谱与庆大霉素相似，但对耐卡那霉素、妥布霉素和庆大霉素的细菌包括绿脓杆菌和沙雷氏杆菌仍有效。所以临床用于对庆大、卡那霉素耐药菌引起的严重感染，可与青霉素类及头孢菌素类合用。
硫酸庆大霉素	4	12～24	肌肉、皮下	本品抗菌谱广，对大多数革兰氏阴性菌有较强的抗菌作用，对常见的革兰氏阳性菌也有效。此外，结核杆菌、支原体等对本品也敏感。临床上主要用于耐药性金黄色葡萄球菌、绿脓杆菌、变形杆菌、大肠杆菌等引起的各种严重感染，如呼吸道、泌尿道感染，以及败血症、乳腺炎等。
硫酸新霉素	3.5 20	8 8	肌肉、静脉 口服	对大肠杆菌、变形杆菌、痢疾杆菌、结核杆菌、绿脓杆菌等革兰氏阴性杆菌和金黄色葡萄球菌等革兰氏阳性菌有较强的抗菌作用。尤其对大肠杆菌作用最强，常用作口服，治疗肠道感染、术前消毒以及烧伤等。

续表

1. 抗生素

1.3 广谱抗生素及其他广谱抗菌药

药名	剂量（毫克/千克体重）	间隔时间（小时）	给药途径（注射、口服）	作用范围与用途
强力霉素（盐酸多西环素）	3～10 2～4	12～24 12～24	口服 静脉	本品是一种长效、高效、广谱的半合成四环素类抗生素，抗菌谱与四环素相似，但抗菌作用较之强10倍。对耐四环素的细菌有效，用药后吸收更好，并可增进体内分布，能较多地扩散进入细菌细胞内，排泄较慢。临床上多用于慢性呼吸道疾病、肠炎等的治疗，本品毒副作用较小。
氟苯尼考	20	24～48	肌肉	兽医专用氯霉素类的广谱抗菌药。对多种革兰氏阳性菌和革兰氏阴性菌及支原体等均有作用。尤其对呼吸系统感染和肠道感染疗效显著。
多粘菌素B	5～6.6 1～2	8 12	口服 肌肉	主要用于控制革兰氏阴性杆菌，特别是绿脓杆菌引起的各种感染。对革兰氏阳性菌、抗酸菌、真菌、立克次体及病毒等均无效。
黄连素	20～50 100～300	6 8	口服 肌肉	本品从中药黄连、黄柏或三棵针中提取或人工合成。抗菌范围广，对革兰氏阳性菌、革兰氏阴性菌、真菌、钩端螺旋体、滴虫均有效，对流感病毒也有效。可用于治疗犬、猫肠炎、肺炎、肾炎、乳房炎、感冒和化脓等疾患。

续表

1. 抗生素				
1.4 抗真菌剂				
药名	剂量（毫克/千克体重）	间隔时间（小时）	给药途径（注射、口服）	作用范围与用途
制霉菌素	10万单位	8	口服	本品对白色念珠菌、新隐球菌、荚膜组织胞浆菌、球孢子菌、小孢子菌等具有抑菌或杀菌作用。主要用于预防或治疗长期服用四环素类抗生素所引起的肠道真菌性感染，如犬、猫的鹅口疮、烟曲霉菌病、肠串珠菌病和真菌性皮炎、黏膜的真菌感染等。气雾吸入对肺部霉菌感染效果极佳。
特比萘芬	30	24	口服	由毛癣菌、红色毛癣菌、须癣毛癣菌、疣状毛癣菌、犬小孢子菌和絮状表皮癣菌引起的皮肤、头部、趾甲的感染。念珠菌、发霉菌、甲真菌、其他类别真菌感染。
灰黄霉素	50～100	24	口服	本品能有效抑制毛癣菌属、小孢子菌属和表皮癣菌属等真菌的生长，但是对白色念珠菌等深部真菌感染、线放菌属及细菌无效，对曲霉菌属作用也很小。临床上主要用于浅部真菌感染，对犬、猫的毛癣（金钱癣）有较好的疗效。
克霉唑（抗真菌1号）	10～20	8	口服或外用	广谱抗真菌药，且无耐药性，临床上常用于脏器真菌感染和皮肤真菌感染，如配合两性霉素B则疗效更佳。
2. 磺胺类药及抗菌增效剂				
药名	剂量（毫克/千克体重）	间隔时间（小时）	给药途径（注射、口服）	作用范围与用途
磺胺甲基异恶唑（新诺明，SMZ）	初次140、维持70	12	口服、肌肉	抗菌谱广，抗菌作用强，对大多数革兰阳性及阴性菌均有抑菌作用。如与抗菌增效剂合用，则抗菌作用可增强数十倍。适用于呼吸系统、泌尿系统及肠道感染等。

续表

2. 磺胺类药及抗菌增效剂				
复方磺胺甲恶唑（复方新诺明片）	25～60	12	口服	本品为磺胺甲恶唑（SMZ）与甲氧苄啶（TMP）的复方制剂，具有良好抗菌作用，尤其对大肠埃希菌、流感嗜血杆菌、金黄色葡萄球菌的抗菌作用较磺胺甲恶唑单药明显增强。此外在体外对沙眼衣原体、星形奴卡菌、原虫、弓形虫等亦具良好抗微生物活性。
磺胺嘧啶	初次140～200、维持70	12	口服	抗菌作用较强，对各种感染的疗效高，副作用小，吸收快，是治疗脑部细菌感染的首选药物。
磺胺二甲氧嘧啶（SDM）	25～50	12～24	口服	抗菌作用与临床疗效与 SD 相似，但内服后吸收快而排泄慢，不易引起尿道损害，常用于多种细菌感染和球虫病、弓形虫病等。

3. 喹诺酮类抗菌药及复方制剂				
药名	剂量（毫克/千克体重）	间隔时间（小时）	给药途径（注射、口服）	作用范围与用途
氟哌酸（诺氟沙星）	10～20	6～8	口服	本类产品杀菌力强，尤其对革兰氏阴性菌。对深部组织感染和细胞内病原菌感染有效，临床用于治疗细菌性前列腺炎、脑膜炎、肾炎、肺炎、肠炎、骨髓炎和关节炎等。
环丙沙星	5～15 2.5～5	12 12	口服肌肉、静脉	与氟哌酸相似，但杀菌作用更强，用于敏感菌引起的全身性感染及支原体感染，如肠炎、肺炎、肾炎等，常配合高免血清辅助治疗犬瘟热、细小病毒病引起的继发感染。
麻佛微素	2	24	皮下、静脉	为人工合成，杀菌性新一代抗生素,有效杀死广泛的格兰氏阳性菌（特别是葡萄球菌、链球菌）及格兰氏阴性菌（如大肠杆菌、霍乱杆菌、绿脓杆菌）及 Mycoplasma 霉浆菌。

续表

3.喹诺酮类抗菌药及复方制剂				
药名	剂量（毫克/千克体重）	间隔时间（小时）	给药途径（注射、口服）	作用范围与用途
恩诺沙星	5	24	皮下	主要用于防治皮肤、消化道、呼吸道及泌尿生殖道细菌和支原体感染。

4.抗病毒药				
药名	剂量（毫克/千克体重）	间隔时间（小时）	给药途径（注射、口服）	作用范围与用途
病毒灵（吗啉胍）	10	24	口服	对DNA病毒（如腺病毒和疱疹病毒）和RNA病毒（如流感病毒）均有抑制作用。可用于感冒和疱疹病毒病的预防和治疗。
病毒唑（三氮唑核苷）	5～10 5	12 12	口服肌肉或静脉	广谱抗病毒药。对DNA和RNA病毒均有抑制作用，可用于犬瘟热、犬副流感等病毒性传染病的预防和治疗。
金刚烷胺	4～8	24	口服	阻止病毒进入犬、猫细胞内，并能抑制病毒复制，此外还有解热和提高机体免疫力的作用，与抗生素合用能提高疗效。

二、驱寄生虫药

1.杀体内寄生虫药				
药名	剂量（毫克/千克体重）	间隔时间（小时）	给药途径（注射、口服）	作用范围与用途
左旋咪唑	11	24	口服6～12日	对多种线虫有驱除作用，对成虫和幼虫均有效，并有提高机体免疫力的作用。临床上主要用于驱除犬、猫蛔虫、钩虫、心丝虫、类圆线虫、食道线虫和眼虫等。

续表

1. 杀体内寄生虫药				
药名	剂量（毫克/千克体重）	间隔时间（小时）	给药途径（注射、口服）	作用范围与用途
甲苯咪唑	22	24	口服3日	对蛔虫、钩虫、鞭虫、旋毛虫和类圆线虫均有良好驱杀作用，对丝虫、绦虫也有效。
丙硫咪唑（阿苯达唑、丙硫苯咪唑、肠虫清）	5～20（驱线虫）；10～15（驱绦虫）；50～60（驱吸虫）。	24	口服（口服天数视驱虫目的）	对犬消化道线虫驱除效果最好，其次对犬的绦虫、吸虫也有驱除作用，同时对虫卵、幼虫也有效。主要用于驱除犬蛔虫、钩虫、鞭虫、旋毛虫、类圆线虫、食道虫、绦虫和吸虫等。
吡喹酮	5～10	1次	口服	对大多数绦虫成虫和幼虫有良好驱除作用。主要用于驱除犬的复孔绦虫、带状绦虫、中线绦虫、多头绦虫和细粒棘球绦虫等。
乙胺嗪（海群生）	55～110	1次	口服	主要用于驱杀犬心丝虫和微丝蚴。
甲硝唑（灭滴灵）	30～60	24	口服5日	抗滴虫和抗阿米巴原虫。
三氮咪（贝尼尔、血虫净）	3.5	24	皮下、肌肉	治疗犬巴贝西虫病，对伊氏锥虫病也有一定疗效。
磺胺二甲氧嘧啶	55	24	口服（连21天）	主治犬的弓形虫病、球虫病。
氨丙啉	110～220	24	口服（连7天）	高效抗球虫病。
乙胺嘧啶（息疟定）	0.5～1	1次	口服	抗弓形虫。

续表

2. 杀体外寄生虫药				
药名	剂量（毫克/千克体重）	间隔时间（小时）	给药途径（注射、外用）	作用范围与用途
1%伊（阿）维菌素（螨虫一针净）	0.05～0.1毫升	7日	皮下	广谱驱虫药，对蜱、螨、蝇、蚊、虻有特殊驱杀作用，对肠道线虫也有效。主治犬、猫因螨虫（疥螨、耳痒螨和蠕形螨）引起的传染性皮肤病。柯利犬禁用。
多拉菌素	0.2毫克/千克体重	5～6日	皮下	抗寄生虫药物，对线虫、昆虫和螨均具有高效驱杀作用。柯利犬慎用。
塞拉菌素	6毫克/千克体重	30日	外用滴于颈部皮肤	对体内（线虫）和体外（节肢昆虫）寄生虫有杀灭活性。
双甲脒乳剂（特敌克）	2毫升药液加水500～1000毫升	2～3日	药浴	可驱杀犬体表的蜱、螨、虱、蚤等。

三、抗过敏药

药名	剂量（毫克/千克体重）	间隔时间（小时）	给药途径（注射、口服）	作用范围与用途
扑尔敏	5～8/次 5～8/次	12 12	口服 肌肉	抗过敏作用强而持久，副作用小，皮肤吸收良好，用于治疗皮肤过敏性疾病。
息斯敏	0.2～0.5	24	口服	本品用于治疗常年性和季节性过敏性鼻炎、过敏性结膜炎、慢性荨麻疹和其他过敏性反应症状。
苯海拉明（可他敏）	20～60/次 5～50/次	12 12	口服 肌肉	本品可对抗组织胺引起的各种皮肤、黏膜过敏反应，如皮疹、荨麻疹以及螨虫、真菌引起的皮肤瘙痒症等，与氨茶碱、麻黄碱、维生素C或钙剂合用，效果更好。

四、全身麻醉药与苏醒药

药名	剂量（毫克/千克体重）	间隔时间（小时）	给药途径（注射、口服）	作用范围与用途
速眠新（846）狗	0.04～0.1毫升/千克体重	1次	肌肉	全身麻醉药，为保定宁、氟哌啶醇等成分制成的复方制剂，具有镇痛、镇静和肌肉松弛作用，用于犬、猫等动物手术的全身麻醉和药物制动，应用十分广泛。催醒可用苏醒灵3号注射液。
舒泰	5～10毫克/千克体重	1次	肌肉、静脉	动物专用的安全麻醉剂。用于犬、猫及野生动物的封闭麻醉和全身麻醉。
犬眠宝	0.04～0.1毫升/千克体重	1次	肌肉	犬专用的复合麻醉剂。
苏醒灵3号狗	本品与速眠新的用量比为1:1.5（V/V），与静松灵、保定宁、麻保静的用量比为1:1（V/V）。	1次	肌肉	本品为动物麻醉拮抗剂，对速眠新、静松灵、保定宁、麻保静和眠乃宁等多种动物麻醉、制动剂都有特异性拮抗作用，是使用十分广泛的催醒剂。作用快，静注后30秒钟起效，1～5分钟内催醒，动物起立行走。

五、局部麻醉药

药名	浓度	间隔时间	用法
盐酸普鲁卡因	0.25%～1% 1%～2% 1%～4%	1次 1次 1次	浸润麻醉 阻滞麻醉 表面麻醉
盐酸利多卡因	0.25%～0.5% 1%～2%	1次 1次	浸润麻醉 传导麻醉及硬膜外腔麻醉
盐酸可卡因	3%～5%	1次	表面麻醉
盐酸丁卡因	0.5%～2%	1次	表面麻醉

六、镇静抗癫药

药名	剂量（毫克/千克体重）	间隔时间（小时）	给药途径（注射、口服）	作用范围与用途
苯巴比妥	2～6	6～12	口服、肌肉、静脉	属长效巴比妥类药，随着剂量的增加可产生镇静、催眠、抗惊厥和麻醉效果，并有抗癫痫作用。临床上用于治疗癫痫、脑炎、破伤风，解救士的宁中毒，也可用于实验犬、猫的麻醉。
苯妥英钠	2～6	8～12	口服	抗癫痫药、抗心律失常药。
扑痫酮	55	1次	口服	主要用于犬癫痫大发作。
盐酸氯丙嗪	1.1～6.6	12～24	肌肉	有强大的中枢安定作用，使狂躁、倔强的动物变得安静、驯服。用于治疗破伤风、脑炎，并用于有攻击行为的猫、犬和野生动物，使其驯服、安静，便于运输。还可用于止吐、止痛。
安定	2.5～20/次	必要时用	肌肉	具有安定、镇静、催眠、肌肉松弛、抗惊厥、抗癫痫等作用，可治疗犬的癫痫，静脉注射5～10毫克，可维持药效3小时。

七、解热镇痛及抗风湿药

药名	剂量（毫克/千克体重）	间隔时间（小时）	给药途径（注射、口服）	作用范围与用途
阿司匹林（乙酰水杨酸钠）	10～40	12	口服	镇痛、解热、抗炎抗风湿，治疗关节炎，抗血栓。
扑热息痛	10	12	口服	它是最常用的非抗炎解热镇痛药，解热作用与阿司匹林相似，镇痛作用较弱，无抗炎抗风湿作用，是乙酰苯胺类药物中最好的品种。
复方氨基比林	0.5～2毫升/次	6～24	皮下、肌肉	属于解热镇痛药，用于发热、头痛、关节痛、神经痛、风湿痛等。

续表

药名	剂量（毫克/千克体重）	间隔时间（小时）	给药途径（注射、口服）	作用范围与用途
保泰松	20	8	静脉	用于类风湿性关节炎、风湿性关节炎及痛风。解热镇痛作用较弱，而抗炎作用较强，对炎性疼痛效果较好。
消炎痛（吲哚美辛）	2～3	12	口服	适用于解热、缓解炎性疼痛作用明显。
湿痛喜康	2	12	口服	用于治疗风湿性及类风湿性关节炎。
柴胡	2	8～12	肌肉	清热解表、治疗感冒和细菌感染引起的发热。
托灭酸	4	24	皮下	是临床常用的非淄体抗炎药，是常用的止痛、消炎、退热药物之一。在临床有广泛的使用。

八、中枢兴奋药

药名	剂量（毫克/千克体重）	间隔时间（小时）	给药途径（注射、口服）	作用范围与用途
苯甲酸钠咖啡因（安钠咖）	200～500/次 100～300/次	1次 1次	口服 肌肉	对大脑皮层有直接兴奋作用，可用于解救麻醉药、镇静药、镇痛药过量引起的中毒以及用于治疗各种疾病引起的心力衰竭。
尼可刹米（可拉明）	125～500/次	1次	皮下、肌肉、静脉	本品能直接兴奋延髓呼吸中枢，用于麻醉药、其他中枢抑制药及疾病引起的呼吸抑制，也可以解救一氧化碳中毒、溺水和新生仔犬仔猫的窒息。
樟脑磺酸钠	50～100/次	1次	肌肉、皮下、静脉	对延髓呼吸中枢和血管运动中枢及心脏有兴奋作用，可用于感染性疾病、药物中毒等引起的呼吸抑制，也可用于急性心衰。
回苏灵	4～8/次	1次	皮下、肌肉、静脉	对呼吸中枢有强烈的兴奋作用，增大肺泡适气量，效力比尼可刹米强，用于中枢抑制药中毒和严重疾病引起的中枢性呼吸抑制。

续表

药名	剂量（毫克/千克体重）	间隔时间（小时）	给药途径（注射、口服）	作用范围与用途
士的宁	0.3～0.8/次	1次	皮下、肌肉	用于脊髓性不全麻醉和肌肉无力，也可用于救治巴比妥类麻醉药的中毒。

九、拟胆碱药

药名	剂量（毫克/千克体重）	间隔时间（小时）	给药途径（注射）	作用范围与用途
毛果芸香碱	3～20/次	1次	皮下	对多种腺体、胃肠平滑肌有强烈的选择性兴奋作用，常用于治疗不全阻塞的肠便秘，消化不良。用0.5%～2%溶液可用作缩瞳剂，治疗犬、猫虹膜炎或青光眼。
比赛可灵（氯化氨甲酰甲胆碱）	0.05～0.08	1次	皮下	对胃肠、膀胱、子宫平滑肌有较强的兴奋作用，并可使唾液、胃液、肠液分泌增强。临床上主要用于治疗胃肠弛缓、便秘和分娩时子宫弛缓、胎衣不下、子宫蓄脓等。
甲基硫酸新斯的明	0.25～1/次	1次	皮下	对胃肠、子宫、膀胱及骨骼肌兴奋作用较强。临床上用于犬和猫便秘、呼吸衰竭等。

十、拟肾上腺素药

药名	剂量（毫克/千克体重）	间隔时间（小时）	给药途径（注射）	作用范围与用途
盐酸肾上腺素	0.1～0.5/次 0.1～0.3/次	必要时用 必要时用	皮下、肌肉心内注射	本品能使心肌收缩力加强，心率加快，心输出量增多，使皮肤、黏膜、内脏血管收缩，使血压上升。临床上主要用于抢救心脏骤停和过敏性休克等。与局部麻药合用，可延长局麻时间。

续表

药名	剂量（毫克／千克体重）	间隔时间（小时）	给药途径（注射）	作用范围与用途
喘息定（治喘灵、盐酸异丙肾上腺素）	0.1～0.2/次 1mg/次	1 次 1 次	皮下、肌肉静脉（混 5% 葡萄糖）	临床上用于抗休克，抢救因麻醉、溺水等引起的心脏骤停，治疗动物心动徐缓和支气管喘息等症。
盐酸多巴胺	200/ 次		连续静脉滴注至有效	多巴胺可增加心肌收缩力，增加心输出量。本药的突出作用为使肾血流量增加，从而促使尿量增加，尿钠排泄也增加。临床用于各种类型的休克，尤其适用于休克伴有心收缩力减弱，肾功能不全者。

十一、抗胆碱药

药名	剂量（毫克／千克体重）	间隔时间（小时）	给药途径（注射）	作用范围与用途
阿托品	0.05	6	皮下、肌肉、静脉	本品能松弛内脏平滑肌（除子宫平滑肌），扩大瞳孔，抑制唾液腺、支气管腺、胃腺、肠腺的分泌，临床上用于治疗支气管痉挛（哮喘）和肠痉挛，解救有机磷、毛果芸香碱中毒，散瞳治疗虹膜炎，抢救感染中毒性休克。
氢溴酸东莨菪碱	0.1～0.3/次	1 次	皮下	作用与阿托品相似，但其散瞳、抑制腺体分泌及兴奋呼吸中枢作用比阿托品强。如犬给小剂量，有镇静作用，配合氯丙狗嗪、静松灵等则可做麻醉药。本品主要用作麻醉前给药，或配合氯丙嗪做犬的麻醉。
盐酸山莨菪碱	1	12～24	皮下	抗 M 胆碱药，主要用于解除平滑肌痉挛，胃肠绞痛、胆道痉挛以及急性微循环障碍及有机磷中毒等。

十二、强心药

药名	剂量（毫克/千克体重）	间隔时间（小时）	给药途径（注射、口服）	作用范围与用途
洋地黄毒苷	0.033～0.11	12	口服	加强心肌收缩力，减慢心率，使心输出量增加，减轻淤血症状，消除水肿，增加尿量。用于治疗慢性心功能不全、心房纤颤和室上性阵发性心动过速。
地高辛（强心素）	0.011～0.055	12	口服	用于各种急性和慢性心功能不全以及室上性心动过速、心房颤动和扑动等。
普萘洛尔（心得安）	5～40/次 1～3/次	8 24	口服 静脉注射	用于治疗多种原因所致的心律失常，如房性及室性早搏（效果较好）、窦性及室上性心动过速、心房颤动等，但室性心动过速宜慎用。

十三、维生素类药

药名	剂量（毫克/千克体重）	间隔时间（小时）	给药途径（注射、口服）	作用范围与用途
复合维生素B	0.5～2.0毫升/kg	24	皮下或肌肉注射	用于防治B族维生素缺乏所致的多发性神经炎、消化障碍、癞皮病、口腔炎等。
维生素B₁	50～100mg/次	8～12	口服	本品能促进正常的糖代谢，并且是维持神经传导、心脏和胃肠道正常功能所必需的物质。本品还常用作犬、猫神经炎和心肌炎等的辅助治疗药。
维生素B₂（核黄素）	10～20mg/次 5～10mg/次	24 24	口服 肌肉、皮下	参与机体生物氧化作用。此外维生素B₂还协同维生素B₁参与糖和脂肪的代谢。用于治疗犬和猫生长停止、皮炎、脱毛、眼炎、食欲不振、疲劳、慢性腹泻、晶状体浑浊、早产等症状。不能与各种抗生素混合使用。

续表

药名	剂量（毫克/千克体重）	间隔时间（小时）	给药途径（注射、口服）	作用范围与用途
维生素 B_6	25～50mg/次	24	口服、肌肉或静脉注射	本品是氨基酸代谢的重要辅酶，主治犬、猫因维生素 B_6 缺乏而引起的皮炎、贫血、衰弱、痉挛等病症。
烟酰胺（维生素 B_3、维生素 PP）	50～100mg/次	8～12	口服或肌肉注射	本品参与合成辅酶 I 和辅酶 II，是许多脱氢酶的辅酶，主治犬、猫黑舌病、口炎、皮肤皲裂、腹泻、糙皮病、生长发育迟缓等症。
维生素 B_{12}（钴胺素）	100～200mg/次	24	口服或肌肉注射	本品主要用于治疗维生素 B_{12} 缺乏所致的病症，如巨幼红细胞性贫血，也可用于神经炎、神经萎缩、再生障碍性贫血、放射病、肝炎等的辅助治疗。
叶酸	5mg/次	24	口服	当叶酸缺乏时，血细胞的成熟、分裂停滞，造成巨幼红细胞性贫血和白细胞减少。临床上主要用于叶酸缺乏引起的贫血病。
维生素 A	400 单位/kg 体重	24	口服	维持视网膜感光功能，参与组织代谢，维持正常生殖功能，促进生长发育，临床用于治疗夜盲症、干眼病、经常性流产、死胎、精液不足、骨软症和发育缓慢等症。
维生素 E（生育酚）	500mg/次	24	口服或肌肉注射	维生素 E 主要用于防治动物的维生素 E 缺乏症，对于动物的生长不良、营养不足等综合性缺乏病，可与维生素 A、维生素 D、维生素 B 等配合应用。
维生素 D	鱼肝油，犬、猫 5～10 毫升/次 维生素 D2 胶性钙注射液，犬 0.25 万～0.5 万单位/次	24	口服皮下或肌肉	本品的生理功能是影响钙磷代谢。它能促进肠内钙磷吸收，维持体液中钙磷的正常浓度，促进骨骼的正常钙化。维生素 D 主要用于防治维生素 D 缺乏症，如佝偻病和骨软化病以及孕犬、幼犬、泌乳犬、猫和骨折犬、猫，需补充维生素 D，以促进对饲料中钙磷的吸收。

续表

药名	剂量（毫克/千克体重）	间隔时间（小时）	给药途径（注射、口服）	作用范围与用途
维生素 C	100～500mg/次	8～24	口服、肌肉或静脉注射	参与解毒，并有抗炎、抗过敏和提高机体抵抗力的作用，是临床上应用最广泛的维生素之一。本品主要用于防治维生素缺乏症，铅、汞、砷、苯等的慢性中毒，以及风湿性疾病、药疹、荨麻疹和高铁血红蛋白血症等；对急、慢性感染症，多种皮肤病，各种贫血病，肝胆疾病，心源性和感染性休克等可用作辅助治疗药；还可促进创伤愈合，也可用于治疗犬、猫的不孕症。
维生素 K	维生素 K_3 肌肉注射：犬 10～30mg/次 维生素 K1：犬、0.5～2.0mg/kg	8	肌肉皮下或肌肉注射	本品的主要作用是促进肝脏合成凝血酶原，并能促进血浆凝血因子Ⅶ、Ⅺ、Ⅹ在肝脏内合成。如维生素 K 缺乏，则肝脏合成凝血酶原和上述凝血因子的机制发生障碍，引起凝血时间延长，容易发生出血不止。本品主要用于治疗维生素 K 缺乏所引起的出血性疾病。

十四、激素类药

药名	剂量（毫克/千克体重）	间隔时间（小时）	给药途径（注射、口服）	作用范围与用途
甲基睾丸酮	0.5	1次	口服	为雄性激素。临床上用于治疗种公犬的性欲缺乏、创伤、骨折；再生障碍性或其他原因的贫血。
丙酸睾丸酮	2.5	1次	肌肉	与甲基睾丸酮相同。
己烯雌酚	0.5 0.1～1	1次	肌肉口服	本品可促进犬、猫子宫、输卵管、阴道和乳腺的生长和发育。临床可用于犬、猫催情；治疗子宫内膜炎、子宫蓄脓、胎衣不下及死胎等。

续表

药名	剂量（毫克／千克体重）	间隔时间（小时）	给药途径（注射、口服）	作用范围与用途
雌二醇（求偶二醇）	0.2～1.0mg/次	1次	肌肉	本品作用机理与己烯雌酚相似，但较强。
地塞米松	0.125～1.0mg	1次	肌肉、口服	具有抗炎、抗过敏作用，比强的松强，应用广泛。常用于药物和食品中毒、过敏性皮炎和细菌感染性疾病。
泼尼松（强的松）	0.5	1次	口服	具有抗炎、降温、抗毒素、抗休克和抗过敏作用，降低毛细血管的通透性，用于细菌感染、过敏性疾病、风湿、肾病综合征、哮喘、湿疹等。
氢化可的松	5～20mg/次	24	肌肉、静脉	抗炎作用比醋酸可的松强，可用于中毒性感染或其他危重病症。用于治疗关节炎、腱鞘炎、眼科炎症和皮肤过敏等疾病。
强的松	0.2～0.5mg		口服	具有抗炎、降温、抗毒素、抗休克和抗过敏作用，降低毛细血管的通透性，用于细菌感染、过敏性疾病、风湿、肾病综合征、哮喘、湿疹等。
促肾上腺皮质激素	2单位	1次	肌肉	它具有刺激肾上腺皮质发育和机能的作用。主要作用于肾上腺皮质束状带，刺激糖皮质类固醇的分泌。
人绒毛膜促性腺激素	100～500单位/次	1次	肌肉	能促进成熟的卵泡排卵和形成黄体。当排卵发生障碍时，可促进排卵受孕，提高受胎率。在卵泡未成熟时，则不能促进排卵。用于促进排卵，提高受胎率；还用于治疗卵巢囊肿、习惯性流产等。
促性腺激素释放激素	50～200微克	1次	肌肉	促进超数排卵。

续表

药名	剂量（毫克/千克体重）	间隔时间（小时）	给药途径（注射、口服）	作用范围与用途
催产素	5～30单位/次	1次	皮下、肌肉	本品适用于子宫颈口已开放，但宫缩乏力者，可肌肉注射小剂量催产；产后子宫出血时，注射大剂量，可迅速止血；治疗胎衣不下及排除死胎，加速子宫复原；新分娩而缺乳的母畜可作催乳剂。
垂体后叶素	5～30单位	1次	皮下、肌肉	本品含缩宫素和抗利尿激素，可使血压升高。本品适用于子宫颈口已开放，但宫缩乏力者，可肌肉注射小剂量催产；产后子宫出血时，注射大剂量，可迅速止血；治疗胎衣不下及排除死胎，加速子宫复原；新分娩而缺乳的母畜可做催乳剂。
黄体酮（孕酮）狗民	2～5	1次	肌肉	主要作用于子宫内膜，能使雌激素所引起的增殖期转化为分泌期，为孕卵着床做好准备；并抑制子宫收缩，降低子宫对缩宫素的敏感性，有安胎作用。临床上主要用于治疗习惯性流产、先兆性流产，或促使母畜周期发情，也用于治疗犬卵巢囊肿。
孕马血清促性腺激素(孕马血清）	25～200单位	24或48	皮下、肌肉、静脉	可促进卵泡的发育和成熟，并引起母犬发情，但也有较弱的垂体促黄体素的作用，可促使成熟卵泡排卵。对公犬主要表现为促黄体素的分泌，促进雄激素的分泌，提高性欲。临床上主要用于治疗久不发情、卵巢机能障碍引起的不孕症；对犬、猫可促使超数排卵，促进多胎，增加产仔数。
胰岛素	2单位	4～12	皮下、肌肉	提高组织摄取葡萄糖、降低血糖，促进蛋白质、脂肪和糖的合成代谢。临床上主要用于治疗犬、猫的糖尿病。

十五、止血药

药名	剂量（毫克/千克体重）	间隔时间（小时）	给药途径（注射、口服）	作用范围与用途
安络血（肾上腺色素缩胺脲）	5～10毫克/次 2～4毫升/次	8～12 8～12	口服 肌肉	主要用于毛细血管出血，如衄血、肺出血、胃肠出血、血尿、子宫出血等。
止血敏	2～4毫升/次	12 必要时隔2小时再注射1次	肌肉、静脉	本品为全身止血药，能促进血小板的增生，增强血小板的机能，缩短凝血时间；又能增强毛细血管的抵抗力，减小毛细血管的通透性，从而发挥止血效果。止血作用迅速，毒性低，无副作用。用于预防及治疗各种出血性疾病，如脑、鼻、胃、肾、膀胱、子宫出血以及外科手术的出血等。
凝血质	30～70/次	1次	皮下、肌肉	本品外用可治疗创伤或外科手术的出血，可用灭菌纱布或脱脂棉浸润凝血质注射液，敷于局部出血处，内用可治疗鼻出血、肺出血、便血、尿血及血斑病等。
明胶海绵（吸收性明胶海绵）	可按出血创面的面积，将本品切成所需大小，轻揉后敷于创口渗血区，再用纱布按压即可止血	1次	创口表面	适用于外伤出血及手术时的止血。它在止血部位经4～6周即可完全被吸收。

十六、抗凝血药

药名	剂量（毫克/千克体重）	间隔时间（小时）	给药途径（注射、口服）	作用范围与用途
肝素	500 单位	8	皮下、肌肉	广泛应用于防治血栓栓塞性疾病、弥漫性血管内凝血的早期治疗及体外抗凝。
枸橼酸钠	2.5% 10 毫升加 100 毫升全血	1 次	静脉滴注	利用柠檬酸根与钙离子能形成可溶性络合物的特性，可用作抗凝血剂和输血剂，保存和加工血制品。
双香豆素	首次：2 维持：2.5	8～12 8～12	口服 口服	用于预防及治疗血管内血栓栓塞性疾病。

十七、补血药

药名	剂量（毫克/千克体重）	间隔时间（小时）	给药途径（注射、口服）	作用范围与用途
硫酸亚铁	50～500 毫克/次	8～12	口服	补充造血物质，促进造血机能。
葡聚糖铁钴注射液（铁钴注射液）	0.5～1.0 毫升/次	24	深部肌肉注射	本品具有钴与铁的抗贫血作用。有兴奋骨髓制造红细胞功能的作用，并能改善机体对铁的利用。适用于仔犬、猫贫血及其他缺铁性贫血。
枸橼酸铁铵	50 毫克/次	8	口服	本品为 3 价铁制剂，较硫酸亚铁难吸收，但无刺激性，作用缓和。用途同硫酸亚铁。
复方卡铁注射液	0.25～1.0 毫升/次	24	肌肉	本品既能补充铁，又能兴奋脊髓，适用于慢性贫血及久病、虚弱动物。

十八、利尿药

药名	剂量（毫克/千克体重）	间隔时间（小时）	给药途径（注射、口服）	作用范围与用途
双氢克尿噻（氢氯噻嗪）	2～4	12	口服	利尿药、抗高血压药。主要适用于心原性水肿、肝原性水肿和肾性水肿：如肾病综合征、急性肾小球肾炎、慢性肾功能衰竭以及肾上腺皮质激素与雌激素过多引起的水肿；高血压；尿崩症。长期应用时宜适当补充钾盐。
速尿（呋喃苯胺酸）	2～4	8～12	口服、静脉	本品为强利尿剂，内服后30分钟左右排尿增加。适用于各种原因引起的水肿，并可促使尿道上部结石的排出。也可用于预防急性肾功能衰竭。

十九、脱水药

药名	剂量（毫克/千克体重）	间隔时间（小时）	给药途径（注射）	作用范围与用途
甘露醇（20%）	1000～2000	6～12	静脉	本品为渗透性利尿药。静脉注射后主要在血液中迅速形成高渗压，产生脱水及利尿作用。静脉注射后20分钟出现脱水、利尿作用，2～3小时达到高峰，可维持6～8小时。用于治疗脑水肿、其他组织水肿。并可预防急性肾功能衰竭及用于休克抢救等。
山梨醇（25%）	1000～2000	6～12	静脉	本品为甘露醇的同分异构体，其作用、用途、制剂、用量均与甘露醇基本相同。但此药注入体内后，被转化为糖原的量比甘露醇多，故疗效较弱。山梨醇溶解度大，价格比较便宜，故临床上也常使用。

二十、镇咳、祛痰、平喘药

1.镇咳药				
药名	剂量（毫克/千克体重）	间隔时间（小时）	给药途径（口服）	作用范围与用途
可待因（甲基吗啡）	2	6	口服	有镇咳和镇痛作用，多用于剧痛性干咳，如对胸膜炎等干咳、痛咳较为适用。禁用于痰多病犬。可待因多用于中、小动物。
复方甘草合剂	5～10毫升/次	8	口服	本品为复方制剂，有祛痰镇咳作用。

2.祛痰药				
药名	剂量（毫克/千克体重）	间隔时间（小时）	给药途径（口服、外用）	作用范围与用途
氯化铵	100～200	8～12	口服	有祛痰、止咳作用，临床上用于支气管炎初期，特别是对黏膜干燥、痰稠不易咳出的咳嗽，可单用或配合茴香末制成舔剂或丸剂服用。并有利尿作用，可用于心性水肿或肝性水肿。
乙酰半胱氨酸	2～5毫升/次	12	喷雾	适用于大量黏痰引起呼吸困难。

3.平喘药				
药名	剂量（毫克/千克体重）	间隔时间（小时）	给药途径（注射、口服）	作用范围与用途
氨茶碱	10 10	12 1次	口服 肌肉、静脉	本品是黄嘌呤类中对支气管平滑肌松弛作用最强的一种，可直接作用于支气管平滑肌，解除痉挛，平喘疗效较稳定。主要用于治疗痉挛性支气管炎、支气管喘息等。
麻黄素（麻黄碱）	2～4	8	口服	为止咳平喘药，解除支气管痉挛，可用于缓和气喘症状；也常与祛痰药配合，用于急性或慢性支气管炎，以减弱支气管痉挛和咳嗽。

二十一、催吐药与镇吐药

1. 催吐药				
药名	剂量（毫克／千克体重）	间隔时间（小时）	给药途径（注射、口服）	作用范围与用途
阿扑吗啡	0.08	1 次	皮下、肌肉	通过刺激催吐化学感受区而引起呕吐，作用快而强，给药后 3 ～ 10 分钟发挥作用，剂量不宜过大。常用于犬、猫采食毒品后的催吐。
吐根糖浆	1 ～ 2 毫升／公斤	可在 20 分钟后重复一次	口服（不超过 15ml）	用于食物中毒及排除胃内毒物急救。如果动物空腹，给药后给予 1 ～ 2 毫升／公斤的水。
3% 过氧化氢	1 ～ 2 毫升／公斤	重复 2 ～ 3 次	口服（犬不超过 50ml）	双氧水有强氧化性，一定要严格控制使用量。常用于犬、猫采食毒品后的催吐。催吐后立即服用大量清水，冲刷消化道，稀释有毒的双氧水。
2. 镇吐药				
药名	剂量（毫克／千克体重）	间隔时间（小时）	给药途径（注射、口服）	作用范围与用途
胃复安（甲氧氯普胺）	0.5	8	口服、皮下	属动力性止吐药。适用于胃部蠕动障碍、增加膀胱收缩力、喉头麻痹及气管切开术之呕吐、胰腺炎引发的呕吐。对于胃胀气性消化不良、食欲不振、呕吐也有较好的疗效。
爱茂尔	1 ～ 2 毫升／次	8 ～ 24	皮下、肌肉	用于神经性呕吐，也用于晕车、胃痉挛等呕吐。

二十二、泻药与止泻药

1. 泻药				
药名	剂量	间隔时间（小时）	给药途径（口服）	作用范围与用途
硫酸钠（芒硝）	10 ～ 20 克／次	1 次	口服	肠通便药又称泻药，泻药能促进肠管蠕动，增加肠内容积或润滑肠腔、软化粪便，从而促进排粪。临床上主要用于治疗便秘或排除消化道内发酵腐败产物和有毒物质等。

续表

1. 泻药				
蓖麻油	5～15 毫升/次	1 次	口服	本品主要用于小肠便秘，小动物比较多用。
植物油与动物油（豆油、猪油）	10～30 毫升/次	1 次	口服	润滑肠道、软化粪便，促进排粪。其作用缓和，适用于小肠便秘。孕犬和肠炎病犬也可应用。
液体石蜡液状石蜡（石蜡油）	10～40 毫升/次	1 次	口服	对肠壁及粪便具有滑润作用，并能阻碍肠内水分的吸收，因此还有软化粪便的作用。适用于小肠便秘。其作用缓和，对肠黏膜无刺激性，比较安全，孕犬也可应用。
2. 止泻药				
药名	剂量（毫克/千克体重）	间隔时间（小时）	给药途径（口服）	作用范围与用途
药用碳	0.3～5 克/次	12	口服	本品有止泻和吸附肠内有害产物的作用，用于救治肠炎、腹泻和毒物中毒。
白陶土	500～1000	6～8	口服	防止毒物在胃肠道的吸收，并对发炎黏膜有保护作用，用于治疗肠炎和食物中毒。

二十三、抗溃疡药

药名	剂量（毫克/千克体重）	间隔时间（小时）	给药途径（注射、口服）	作用范围与用途
西米替丁	5～10	8～12	口服、静脉	适用于十二指肠溃疡、胃溃疡、反流性食管炎、上消化道出血等。
氢氧化铝	15～45	12	口服	本品有抗酸、保护黏膜、局部止血等作用。

二十四、助消化与健胃药

药名	剂量	间隔时间（小时）	给药途径（口服）	作用范围与用途
稀盐酸	0.1～0.5毫升/次	8	口服	用于胃酸缺乏。
乳酶生	1～2克/次	12	口服	用于防治消化不良、肠胀气，幼犬、幼猫腹泻等。
胃蛋白酶	0.1～0.5克/次	8	口服	本品能促进蛋白质的分解和消化，在酸性环境中消化力强。用于因胃酸分泌不足引起的消化不良和幼犬、幼猫的消化不良。
胰酶	0.2～0.5克/次	8	口服	本品能促进蛋白质、脂肪和糖类的消化吸收，在中性或弱碱性环境下活力增强。主要用于治疗犬、猫因胰液不足而引起的消化不良。
干酵母	8～12克/次	8	口服	含多种B族维生素，如维生素B_1、维生素B_2、维生素B_6、维生素B_{12}、烟酸、叶酸、肌醇和某些消化酶，常用于治疗消化不良和维生素B族缺乏所引起的疾病（如多发性神经性皮炎、糙皮病等）。

二十五、血容量扩充剂

药名	剂量	间隔时间（小时）	给药途径（注射）	作用范围与用途
右旋糖酐	20毫升/次	视需要	静脉	主要用作血浆代用品，用于出血性休克、创伤性休克及烧伤性休克等。
氧化聚明胶代血浆	20毫升/次	视需要	静脉	作为血浆代用品应用，用于失血性、外伤性及中毒性休克。
706代血浆	20毫升/次	视需要	静脉	为血容量补充药，有维持血液胶体渗透压作用，用于失血、创伤、烧伤及中毒性休克等。
全血	20毫升/次	视需要	静脉	输血疗法主要用于犬外伤及某些疾病引起的大出血、失血过多、休克、各种类型的贫血、白细胞减少、凝血不良、恶病质败血症和危重传染病。

二十六、调节水电解质及酸碱平衡药

药名	剂量	间隔时间（小时）	给药途径（注射）	作用范围与用途
0.9% 氯化钠注射液（生理盐水）	40～50 毫升/kg	24	静脉、腹腔	渗透压值和动物的血浆、组织液都是大致一样的，所以可以用作补液以及其他医疗用途。
复方氯化钠注射液（林格尔氏液）	40～50 毫升/kg	24	静脉、腹腔	各种原因所致的失水，包括低渗性、等渗性和高渗性失水。含钾量极少，低钾血症需根据需要另行补充。
10% 氯化钾注射液	2～5 毫升/次	24	缓慢静脉注射	治疗各种原因引起的低钾血症，如进食不足、呕吐、严重腹泻、应用排钾性利尿药、长期应用糖皮质激素和补充高渗葡萄糖后引起的低钾血症等。
10% 葡萄糖酸钙注射液	0.5～1.5 毫升/kg	24	缓慢静脉注射最多20ml	治疗钙缺乏，急性血钙过低。
25% 硫酸镁注射液	5～10 毫升/次	24	静脉	抗惊厥药。
5% 碳酸氢钠注射液	10～40 毫升/次	12～24	静脉	治疗代谢性酸中毒。
5% 葡萄糖注射液	250～1000 毫升/次	12～24	静脉、腹腔	补充能量和体液，药物稀释剂。
50% 葡萄糖注射液	10～20 毫升/次	12～24	静脉	补充热能，低糖血症。

二十七、解毒药

药名	剂量（毫克/千克体重）	间隔时间（小时）	给药途径（注射、口服）	作用范围与用途
解磷定	40	1 次	缓慢静滴	治疗急性有机磷农药中毒。但中度、重度中毒必需碘解磷定和阿托品合并使用。
二硫基丙醇	4	1 次	肌肉、静脉	本品主要用于砷、汞、锑中毒的解毒，对铅、银、铁中毒疗效较差。

药名	剂量（毫克／千克体重）	间隔时间（小时）	给药途径（注射、口服）	作用范围与用途
大苏打（硫代硫酸钠）	20～30	1 次	静脉	本品为氰化物中毒的特效解毒药。具有还原剂特性，能在体内与多种金属、类金属形成无毒硫化物由尿排出。可用于碘、汞、砷、铅、铋等中毒的解救，但其解毒效果不及二巯基丙醇。
依地酸钙钠（乙二胺四乙酸钙钠）	20～25	8	皮下	本品能与多价金属形成难解离的可溶性金属络合物，而排出体外。依地酸钙钠主要用于铅中毒，也可用于锰、铜、镉、汞等金属中毒及放射性元素如钇、镭、锆、钚中毒的解救。
解氟灵	50～100	1 次	肌肉	为氟乙酰胺（一种有机氟杀虫农药）中毒的解毒剂，具有延长中毒潜伏期、减轻发病症状或制止发病的作用。
青霉胺	10～15	12	口服	本品能络合铜、铁、汞、铅、砷等重金属，形成稳定和可溶性复合物由尿排出。用于重金属中毒的解毒。
亚硝酸钠	15～20	1 次	静脉	氰化物的解毒剂。